中国检验检疫数字标本

李　莉　魏春艳　主编

国　伟　封俊虎　王振国　李海滨　副主编

科 学 出 版 社

北　京

内 容 简 介

随着对外经贸的发展和对外交往的增多，我国各出入境检验检疫口岸截获了大量的生物标本，这些标本是我国检验检疫特有的资源，也是我国非常珍贵的科技资源。收集、鉴定、保存、分析国境口岸截获的检验检疫生物标本，科学、准确地评估本地区和相邻国家的疫情疫病分布与舆情动态，进而采取有效的预警和研判措施对于检验检疫防控及科研工作具有重要意义。

本书收录了检验检疫一线口岸局截获的昆虫、杂草、线虫、软体动物等各类标本 197 种，展示了标本实物图，并对收录标本的基本信息、形态特征、分布等进行描述。本书可供国内外检验检疫口岸一线工作人员、其他相关领域科研工作者及社会公众参考使用。

图书在版编目（CIP）数据

中国检验检疫数字标本图录 II /李莉，魏春艳主编. — 北京：科学出版社, 2016.3

ISBN 978-7-03-047300-4

Ⅰ. ①中…　Ⅱ. ①李…②魏…　Ⅲ. ①有害动物－国境检疫－标本－中国－图录②有害植物－国境检疫－标本－中国－图录　Ⅳ. ①S412-64

中国版本图书馆CIP数据核字（2016）第026556号

责任编辑：霍志国 / 责任校对：何艳萍
责任印制：肖　兴 / 封面设计：铭轩堂

科学出版社 出版
北京东黄城根北街16号
邮政编码:100717
http://www.sciencep.com
北京利丰雅高长城印刷有限公司 印刷
科学出版社发行　各地新华书店经销
*
2016年3月第　一　版　开本：787 × 1092　1/16
2016年3月第一次印刷　印张：11 1/2
字数：270 000

定价：128.00元

（如有印装质量问题，我社负责调换）

编辑委员会

编著人员

主　　编：李　莉　魏春艳

副 主 编：国　伟　封俊虎　王振国　李海滨

编写人员：（按姓氏笔画顺序排列）

于立山　王　准　王志娟　王玮琳　王秉宇
王金丽　王振国　边　勇　刘　飞　刘丽玲
李　伟　李　莉　李文阔　李志红　李茂海
李建国　李艳丰　李晓娜　李海滨　杨红珍
杨晓军　杨跃民　宋战昀　张　军　张立健
陈　克　陈乃中　林阳武　国　伟　金　卓
周　昱　周卫川　孟庆峰　封俊虎　赵冬雪
赵忠懿　姜　丽　姚贵哲　聂丹丹　高　渊
席家文　唐慧骥　寇传勇　韩　冬　焦　璇
温有学　蔡　阳　魏春凤　魏春艳

编审委员会

序

《国家科技基础性工作专项“十二五”专项规划》指出，科技基础性工作是基础研究的重要组成部分，为认识自然现象和发现科学规律做出了卓越的贡献，具有基础性、长期性和公益性等特点。在我国检验检疫事业发展过程中，对检验检疫标本的收集、鉴定、保存和分析等是重要的科技基础性工作，标本不仅是检验检疫业务工作的结晶，也展现着检验检疫工作的历史经验与成果，应得到更多的重视。

出入境检验检疫涉及出入境商品检疫、卫生检疫、动植物检疫等多项业务，担负着守卫国门的重大责任，在经济全球化快速推进，信息化迅速发展的背景下，检验检疫工作者更需勤于研究，勇于创新，善于总结，做好检验检疫工作，起到维护国家公共安全和人民身体健康，保障进出口商品质量安全，突破贸易技术壁垒，保护贸易各方合法权益的作用。在检验检疫工作中，对相关标本的收集、鉴定、保存和分析非常重要，可促进检验检疫科研、学术交流、教学培训和社会公众科普教育等方面的发展。目前，全国质检系统已有多个直属局建有标本室，也出版了众多专业性较强的介绍检验检疫标本的图书，成果颇丰，但也遇到了缺乏统一性、分享性和便捷性等问题。将系统内的标本收集起来，进行数字化处理成为当务之急，这有利于对全系统标本资源的掌握和整理，进而能在未来实现在统一的检验检疫数字标本信息技术共享平台上展现标本信息。

将检验检疫相关标本进行统一收集整理并使之数字化是一项庞大而长期的工程，坚持不懈，终能实现目标。现已成书的《中国检验检疫数字标本图录Ⅱ》，是将检验检疫标本管理统一化、展现数字化的第一步，其中汇编了昆虫、杂草、线虫、软体动物等197种标本的基本信息等，可供国内外口岸一线工作人员参考使用，也可为对检验检疫工作感兴趣的社会公众提供一定帮助。谨以为序。

全国政协委员、国家质检总局原副局长、中国检验检疫学会会长

魏传忠

2016年2月

前　言

国家质检总局局长支树平在参加首届中国质检信息化成果展时指出，“质检工作离不开信息化，我们要更加主动地加强信息化建设，提高信息化水平，努力实现质检工作的数字化、智能化、现代化，更好地抓质量、保安全、促发展、强质检。”检验检疫标本是检验检疫业务工作的结晶，建立检验检疫标本信息库对于动植物检疫及卫生检疫工作、对于检验检疫事业的发展均将起到一定的促进作用，也是贯彻国家质检总局“数字质检”、“智慧质检”重大发展构想的具体表现。

2012 年 5 月 10 日，国家质检总局下发通知成立检验检疫标本暨相关历史文物征集工作领导小组，正式启动检验检疫标本暨相关历史文物征集等有关工作。2012 年 12 月 4 日，“2012 年全国检验检疫标本暨相关历史文物征集工作会议”在北京召开，进一步推动了征集工作的进行，成为检验检疫标本、文物征集和博物馆建设过程中具有里程碑意义的一次会议。截至 2015 年 12 月，征集办公室共收到 34 个单位寄送的标本与文物等共计 15583 件，其中检验检疫标本 763 件，检验检疫文物 1232 件，数码照片等 13588 张，质检系统标本征集工作效果初显。

2013 年中国检验检疫科学研究院承担了质检公益项目《国境截获数字标本的构建和共享关键技术研究》（编号：201310075）的研究工作，实现国境截获的检验检疫实物标本数字化，并开展共享关键技术研究，研发并构建一个能够高效地提交、保存、管理、鉴定、利用检验检疫数字标本的基于互联网的信息技术共享平台。在此项目的资助下，我们把检验检疫数字化标本凝结成册，相信将更有利于进行科普和宣传。

本书收录了检验检疫一线口岸局截获的昆虫、杂草、线虫、软体动物等各类标本 197 种，展示了标本实物图，并对收录标本的基本信息、形态特征、分布等进行描述。标本图片均为编者于吉林出入境检验检疫局采集的一手资料，由于拍摄时光源照射方向不同，标本可能呈现不同的外部状态，在拍摄条件力所能及的情况下力求如实反映标本特征，来源均标注明细。

在书稿的编撰过程中，国家质检总局检验检疫标本暨相关历史文物征集工作领导小组领导非常重视；中国检验检疫科学研究院的相关领导也从资金和人力方面给予大力支持；系统内外诸多专家在标本信息采集、整理、校正的过程中给予帮助和指导，包括中国农业大学沈佐锐教授、中国科学院动物研究所陈军研究员和张莉莉博士、中国林业科学院王小艺研究员、中国农业科学院沈文君博士、北京市农林科学院乔晓军研究员、著名摄影家殷观亮先生等，在此一并致以诚挚的谢意。

由于时间和水平所限，书中难免存在错误和不妥之处，敬请广大读者不吝赐教，批评指正。

编　者

2016年2月

目　录

第一章
昆　虫

一、鞘翅目 Coleoptera

(一) 天牛科 Cerambycidae

1.1 断纹尼虎天牛

中文名	断纹尼虎天牛
学名	*Neoclytus caprea* (Say)
截获来源	美国
寄主	白蜡树属 *Fraximus*、山核桃属 *Carya*、栎属 *Quercus*、榆属 *Ulmus* 和牧豆树属 *Prosopis*
采集人	梁春、王金丽、王洪军
截获时间	2001.04
鉴定人	张生芳
复核人	陈乃中

形态特征：体长形，体长 8 ~ 16mm。雌虫触角伸达鞘翅肩部，体长 10 ~ 17mm。略粗壮；表皮黑色，足有时略带红色；前胸背板前缘有一条密集白色柔毛组成的带，常在中部断开；鞘翅的淡色带轮廓鲜明，由密集倒伏的黄毛或白毛组成，排列如下：1 条环形的带绕肩部沿基缘和翅缝到基部 1/3 处，然后沿侧缘达基部；在鞘翅中部之后，有 1 条弯曲的横带，在近翅缝处向前弯曲呈一角度；端部有 1 条斜带，不与中带相连。头部上方密布刻点，被直立的棕色和白色长毛；触角伸展至鞘翅基部 1/3 处。前胸背板宽大于长，几乎与鞘翅基部等宽，两侧宽弓形，基部收缩；表面密布刻点，被棕色和白色的直立长毛；前胸腹板被长而直立的毛。鞘翅无光泽，除了柔毛带以外，被短的倒伏状棕色和黑色毛；端部略宽圆。腿节长，后部显著膨大。腹部腹板有黄色或白色的宽带；第 5 腹板不长于第 4 腹板，末端圆。

分布：仅发生于美国。分布于美国东北部至犹他州，南部亚利桑那州和得克萨斯州。

1.2 箭丽虎天牛

中 文 名 箭丽虎天牛

学 名 *Plagionotus arcuatus* (L.)

截获来源 法国

寄 主 橡树、鹅耳枥、榉树、栗树、柳树、李属 *Prunus*、刺槐等多种阔叶树

采 集 人 梁春、王洪军

截获时间 2005.05

鉴 定 人 张生芳、温有学

复 核 人 陈乃中

形态特征：成虫体长 8 ~ 20mm，头黑色，前头被黄绒毛，触角中等长；前胸背板黑色，前缘黄色，中后部具黄色横斑。鞘翅黑色，被多变的黄色斑点或横带。后足和触角完全为橙黄色，前、中足橙黄色，腿节黑色，后足腿节下侧被有竖直长毛。

分布：欧洲中部大部分地区。

1.3 丽虎天牛

中 文 名 丽虎天牛

学 名 *Plagionotus detritus* (L.)

截获来源 法国

寄 主 主要危害阔叶树，尤其对栎属 *Quercus* 危害最重，也危害鹅耳枥属 *Carpinus*、水青冈属 *Fagus*、栗属 *Castanea* 等

采 集 人 梁春、李长志

截获时间 2005.04

鉴 定 人 杨晓军、温有学

复 核 人 安榆林

形态特征：成虫体长 10 ~ 20mm，头黑色，前头和复眼后黄色横斑上具黄毛。触角中等长，红褐色。前胸背板黑色，具宽的前缘黄毛带，中部后具黄色横斑。鞘翅暗褐色至红褐色，具黄色斑，翅端方向逐渐变浓，翅肩和翅缝大多为红褐色。足为红褐色。

分布：欧洲、俄罗斯、高加索山脉、哈萨克斯坦北部、外高加索、伊朗、近东。

1.4 热带虎天牛

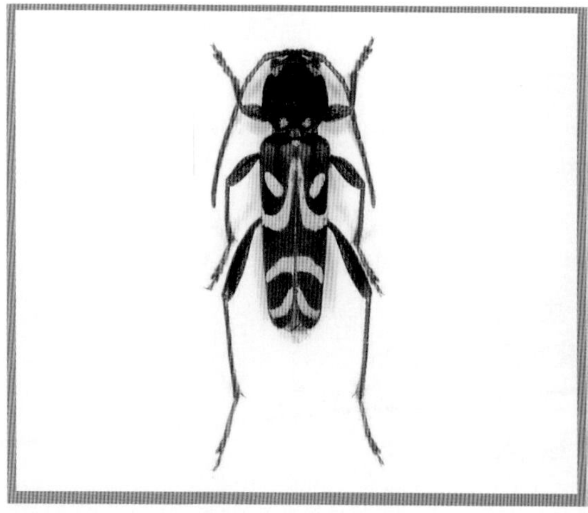

中文名 热带虎天牛
学名 *Clytus tropicus* (Panzer)
截获来源 法国
寄主 主要危害阔叶树，包括栎属 *Quercus*、李属 *Prunus*、梨属 *Pyrus* 等
采集人 梁春、张少杰
截获时间 2005.05
鉴定人 杨晓军、温有学
复核人 安榆林

形态特征：成虫体长 10 ~ 20mm，头黑色，头顶具黄色绒毛，触角短或中等长，黄褐色。前胸背板黑色，四角呈黄色。小盾片黄色，鞘翅黑色，具黄色横斑，翅肩为褐色。足黄褐色，腿节黑色。

分布：欧洲(俄罗斯北部和西部除外)。

1.5 斯科天牛

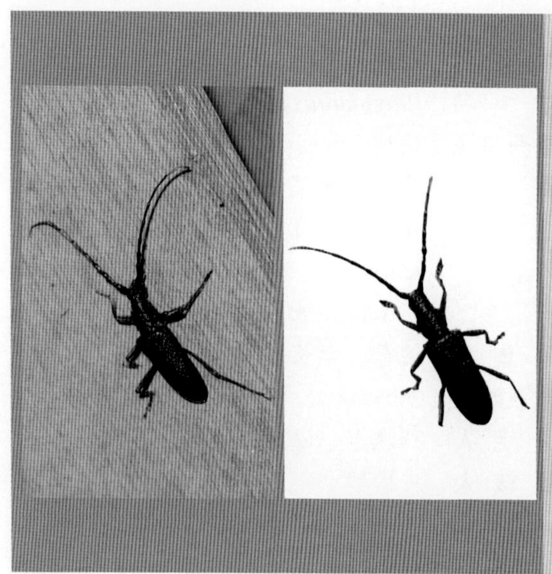

中文名 斯科天牛
学名 *Cerambyx scopolii* Füessly
截获来源 法国
寄主 栎属 *Quercus*、青冈属 *Fagus*、李属 *Prunus*、胡桃属 *Juglans*、鹅耳枥属 *Carpinus*、栗属 *Castanea*、柳属 *Salix* 等
采集人 梁春、王洪军
截获时间 2005.05
鉴定人 杨晓军、温有学
复核人 安榆林

形态特征：成虫体长 17 ~ 28mm，体全黑色，触角较长。鞘翅呈单一黑色，具细小灰色绒毛。

分布：欧洲、高加索山脉、外高加索、北非、近东。

1.6 栎红天牛

中 文 名　栎红天牛
学　　名　*Pyrrhidium sanguineum* (L.)
截获来源　法国
寄　　主　主要危害阔叶树，尤其对栎属 *Quercus* 危害最重，也危害鹅耳枥属 *Carpinus*、七叶树属 *Aesculus*、水青冈属 *Fagus*、栗属 *Castanea*、榆属 *Ulmus*、苹果属 *Malus*、桦木属 *Betula*，偶尔危害松属 *Pinus*
采 集 人　梁春、胡长生
截获时间　2005.05
鉴 定 人　张生芳、温有学
复 核 人　安榆林

形态特征：成虫体长 6 ~ 15mm，头、前胸背板、足及触角黑色，鞘翅黄褐色。头部密布小刻点，两触角间的纵沟明显，头大部光裸，仅头顶和后头部有 1 红色毛斑。触角细，雄虫触角略等于体长，雌虫触角超过鞘翅中部，第 3 节通常长于第 4 节，稍短于第 1 节和第 5 节，触角着生长纤毛，在前 3 ~ 4 节上较密。前胸背板横宽，被红色毛，密布皱纹小刻点，中部有 1 光亮的纵带，近小盾片处有 1 瘤突，中区不平坦，两侧缘中部呈一角度强烈外弓，并由此向前向后几乎呈直线收狭。小盾片大而圆。鞘翅宽扁，两侧平行，末端圆，被红色毛。足的腿节端半部强烈膨扩呈棍棒状，后足跗节第 1 节与第 2、3 节之和等长。雄虫腹部第 5 腹板短，显著横宽，末端稍圆；雌虫的该腹板延长，明显圆形，有时末端稍凹缘。

分布：欧洲（广泛分布，北至瑞典，东至俄罗斯的欧洲部分）、伊朗、叙利亚、小亚细亚、北非。

1.7 （黄褐）棍腿天牛

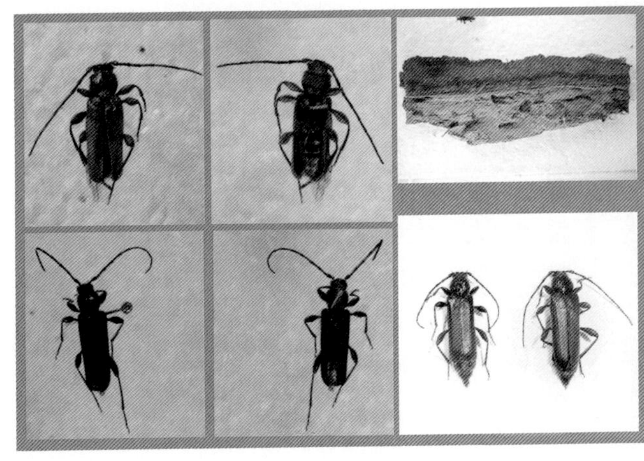

中 文 名　（黄褐）棍腿天牛
学　　名　*Phymatodes testaceus* (L.)
截获来源　法国
寄　　主　阔叶树
采 集 人　梁春、王洪军
截获时间　2005.05
鉴 定 人　杨晓军、温有学
复 核 人　安榆林

形态特征：成虫体长 6 ~ 16mm，体宽 2.5 ~ 3.5mm，体大部异色变化。雄虫体较小，体大部分黑色，仅各足腿后部、前胸背板两侧圆形外侧黄褐色；触角长于体长约 1.1 倍。雌虫体较大，体大部分黄褐色，仅头及前部唇基为黑色，触角不长于体长。鞘翅上部略宽于下部，长是宽的 2.5 倍；前胸背板近球形，长略等于宽，两侧圆球形；各腿节肿扩强烈。触角黑色到红褐色不等，体各部位颜色时常变化。腹面黑褐色，各足基节窝为红褐色。

分布：欧洲、俄罗斯、朝鲜半岛、日本。

1.8 金色扁胸天牛

中 文 名　金色扁胸天牛
学　　名　*Callidium aeneum* (De Geer)
截获来源　俄罗斯
寄　　主　栎
采 集 人　曾凡宇
截获时间　2013.06
鉴 定 人　魏春艳
复 核 人　陈志粦

形态特征：体长 10 ~ 14mm。体暗褐色或黄褐色，腹面有棕黄色花纹。头在复眼背面两侧平行，有相靠近的刻点，中部有纵沟。复眼小眼面非常小，有宽的凹陷，触角位于凹陷处。触角细，雄虫触角超过鞘翅中部，雌虫仅达中部。雄虫前胸侧面有 2 条皱纹。小盾片光亮。鞘翅扁，横宽，向后渐宽，翅面有不规则的隆凸，有皱纹和相互靠近的刻点，青铜色，向侧面渐圆弧形，顶端圆弧形。足腿节自基部至中部扁而宽，顶端狭窄。

分布：黑龙江、内蒙古；俄罗斯、中亚、北区至地中海、叙利亚、伊朗。

1.9 槐绿虎天牛

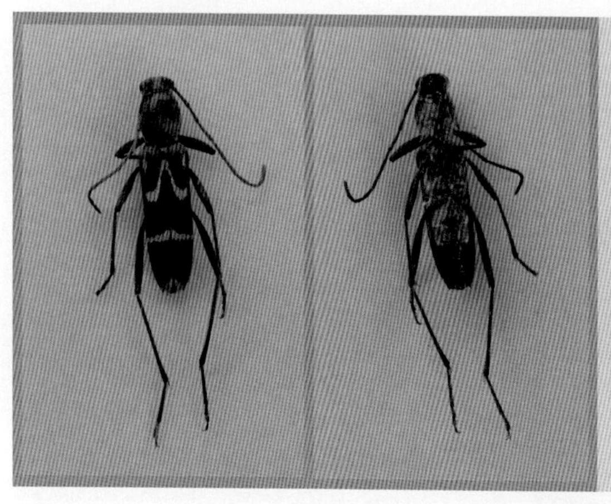

中 文 名　槐绿虎天牛
学　　名　*Chlorophorus diadema* (Motschulsky)
截获来源　朝鲜
寄　　主　刺槐、樱桃、桦
采 集 人　陈士钊
截获时间　2014.07
鉴 定 人　魏春艳
复 核 人　刘丽玲

形态特征：体长 8 ~ 14mm。体棕褐色，头部及腹面被灰黄色绒毛。触角基瘤内侧呈角状突起，头顶无毛。前胸背板略呈球状，密布刻点，前缘及基部有少量黄色绒毛，中央无毛区域形成一褐色横条。小盾片后端圆形，有黄色绒毛。鞘翅基部有少量黄色绒毛，肩部前后有黄色绒毛斑两个，靠小盾片沿内缘为一向外斜的条斑，中央稍后有一条横条纹，末端也有一条黄绒毛横条纹。腹部后缘斜切，外缘角明显。

分布：安徽、福建、广东、广西、贵州、黑龙江、河南、湖南、江西、四川、陕西、云南、浙江、内蒙古、吉林、甘肃、山西、河北、山东、江苏、湖北、中国台湾；俄罗斯（西伯利亚）、蒙古、朝鲜、日本。

1.10 家茸天牛

中 文 名　家茸天牛
学　　名　*Trichoferus campestris* (Faldermann)
截获来源　朝鲜
寄　　主　刺槐、杨、柳、榆、香椿、白蜡、桦、柚木、云南松、云杉、枣、桑、丁香、黄芪、苹果、梨树
采 集 人　张立健
截获时间　2006.06
鉴 定 人　张立健
复 核 人　张继发

形态特征：体长 9 ~ 22mm，宽 2.8 ~ 7.0mm。扁平，棕褐色至黑褐色，密被褐灰色茸毛；小盾片和肩部密生淡黄色毛。头较短，触角基瘤微突；雄虫触角长达鞘翅末端，雌虫稍短，第 3 节和柄节约等长。前胸背板宽大于长，前端略宽于后端，两侧缘弧形，无侧刺突。鞘翅两侧近平行，后端稍窄，缘角弧形，缝角垂直；翅面布中等刻点，端部刻点较细。

分布：云南、贵州、四川、青海、新疆、甘肃、陕西、山东、河南、山西、河北、内蒙古、辽宁、吉林、黑龙江；日本、朝鲜、蒙古、俄罗斯。

1.11 四点象天牛

中文名 四点象天牛
学　名 *Mesosa myops* (Dalman)
截获来源 法国
寄　主 杨、柳、榆、核桃楸、糖槭、水曲柳、蒙古栎、柏、赤杨、苹果等多种阔叶树
采集人 梁春、李长志
截获时间 2005.05
鉴定人 温有学
复核人 魏春艳

形态特征：成虫体长 8 ~ 15mm，体宽 3 ~ 7mm。体黑色，全身被灰色短绒毛，并杂有许多火黄色的毛斑。前胸背板中区具细绒般的斑纹 4 个，每边 2 个，前后各 1 个，排成直行，前斑长形，后斑较短，近乎卵圆形。两者之间距离超过后斑的长度；每个黑斑的左右两边都镶有相当的火黄色或金黄色毛斑。鞘翅饰有许多黄色和黑色斑点，每翅中段的灰色毛较淡，在此淡色区的上缘和下缘中央，各具 1 个大的不规则形的黑斑，其他较小的黑斑大致圆形，分布于基部之上，基部中央则极小或缺如；黄斑形状各异，分布遍全翅。小盾片中央火黄色或金黄色，两侧较深。鞘翅沿小盾片周围的毛大致淡色。触角部分赤褐色，第 1 节背面杂有金黄色毛，第 3 节起每节基部近 1/2 为灰白色，各节下沿密生灰白及深棕色缨毛。体腹面及足亦有灰白色长毛。头部休止时与前足基部接触，额极阔：复眼很小，分成上下 2 叶，其间仅有 1 线相连，下叶较大，但长度只及颊长之半：头面布有刻点及颗粒。雄虫触角超出体长 1/3，雌虫触角与体等长。前胸背板刻点似小颗粒，表面不平坦，中央后方及两侧有瘤状突起，侧面近前缘处有 1 瘤突。鞘翅基部 1/4 具颗粒。

分布：黑龙江、吉林、辽宁、甘肃、青海、内蒙古、河北、安徽、四川、中国台湾、广东；俄罗斯、北欧、西伯利亚、朝鲜、日本、库页岛。

1.12 白桦楔天牛

中文名 白桦楔天牛
学　名 *Saperda scalaris* (L.)
截获来源 法国
寄　主 白桦、桤木属 *Alnus*、栎、杨、柳、槭、山毛榉、核桃、樱桃、苹果、梨
采集人 梁春、温有学
截获时间 2005.05
鉴定人 杨晓军、温有学
复核人 安榆林

形态特征：成虫体长 13 ~ 18.5mm，体宽 3.5 ~ 5.2mm。黑色，头、胸被灰绿色绒毛，头顶中央有 1 个三角形黑斑，前胸背板中区有 1 个大的似长方形黑斑，两侧各有 1 个圆形黑色小斑。鞘翅被灰绿色绒毛组成花纹，每翅沿中缝有 1 条绒毛，有 5 个不规则短横斑，各自连接在中缝纵条上。侧缘有几个小绒毛斑点，肩下及后侧各有 1 个短而较细绒毛纵纹，沿端缘被稀绒毛。体腹面及足被淡灰色或灰绿色绒毛，触角自第 3 节起各节被淡灰绒毛，其端部黑色。雄虫触角略长于身体，额近于方形，复眼下叶显著长于颊；雌虫触角与体等长或稍短于身体，额宽胜于长，复眼下叶稍长于颊，头刻点较稀密。前胸背板宽稍胜于长，密布较粗刻点。鞘翅两侧近于平行，端缘圆形，翅面密布中等刻点。

分布：黑龙江、吉林、辽宁、山东；俄罗斯 (西伯利亚、库页岛)、欧洲。

1.13 樟子松高卢墨天牛

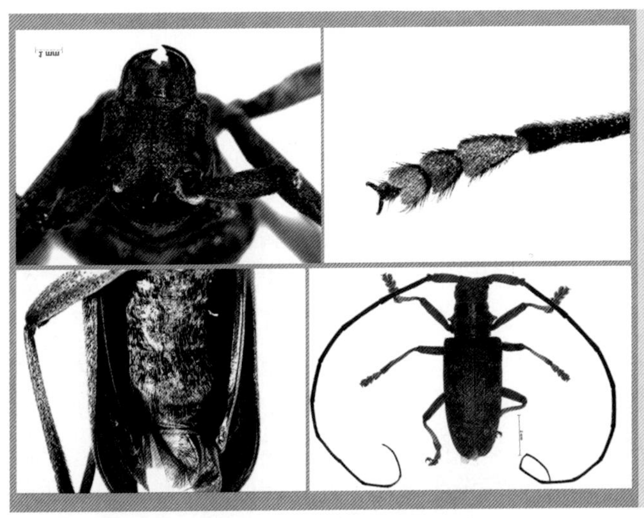

中 文 名	樟子松高卢墨天牛 (樟子松高天牛、松黑天牛)
学　　名	*Monochamus galloprovincialis* Pistor
截获来源	意大利
寄　　主	樟子松、松属 *Pinus*
采 集 人	李伟
截获时间	2004.06
鉴 定 人	魏春艳
复 核 人	王金丽

形态特征：成虫体长 15 ~ 18mm，体宽 5 ~ 6mm，体黑色，鞘翅基部 1/4 区为粗刻点，小盾片近三角形，刻点细密，基部有光滑区略凹于鞘翅，鞘翅有肩突，后大半部有黄色簇毛分布，同时较均匀分布着短小绒毛，前胸背板黑色，刻点较细密，中央有凸光滑点，四周有 4 个凹区，宽胜于长，侧突较尖，上下横沟具长纹。头、额等黑色有中缝，头顶中部有较大瘤突。剩余刻点较小，唇基黄褐色。触角基瘤较大，复眼黑色到黑褐色，内凹较大使复眼呈 G 形。触角柄节外端开放形，2 节宽胜于长，3 节最长，柄节约和 4 节相等，以后各节递短。雌性从第 3 节开始有基白环斑。腹面黑色，有白短绒毛分布，雌性中足基窝前端有内凹圆窝。各足跗节有毛垫。后足第 1 跗节略长于最后 1 跗节。

分布：俄罗斯 (西伯利亚、库页岛)、欧洲、摩洛哥、阿尔及利亚、突尼斯。

1.14 云杉大墨天牛

中文名 云杉大墨天牛（云杉大黑天牛）
学 名 *Monochamus urussovi* (Fischer-Waldheim)
截获来源 朝鲜、德国
寄 主 云杉、冷杉、落叶松、红松、樟子松、臭冷杉、兴安落叶松、长白松、白桦
采集人 惠民杰、李伟
截获时间 2009.07、2004.08
鉴定人 惠民杰
复核人 魏春艳

形态特征：成虫体长 20 ~ 50mm，体宽 5.5 ~ 14mm。基色黑，带墨绿或古铜色光泽。绒毛极稀，淡棕色或黄色；鞘翅端部约 1/4 区域被毛较密，形成 1 片黄土色；雌虫鞘翅上另有白色或淡黄色绒毛斑点，大小不等，以中部的较大较密，往往排成不规则的两横行，1 在中线之前，1 在中线之后。小盾片全部密盖淡棕黄色绒毛，亦有少数个体在基部中央留出 1 绒毛较稀的纵纹。触角基部黑褐色，自第 3 节渐呈棕栗色，雌虫每基部或多或少被有灰白色毛，但有时不明显。腹面绒毛较鞘翅基部稍密，加有较长的棕色竖毛，以后胸腹板为密。头部具粗密刻点和皱纹。触角密被小颗粒，雄虫甚长，体与触角比约为 1：2 ~ 1：2.5。雌虫较短，仅超过体尾 2 ~ 4 节，表面颗粒亦较细；第 3 节最长，比柄节长 1 倍到 1.5 倍，从第 2 节开始有白色基环。前胸近乎方形，侧刺突呈圆锥形，末端不尖锐；背板多皱纹，但变异很大，一般以近前后缘及中部较多，中区有 3 个小瘤突，2 前 1 后，排成三角形，但有时不明晰。鞘翅较狭，略呈楔形；雌虫两侧近乎平行，尾部较阔；翅面隐约具 3 条微微隆起的细纵纹，基部密布颗粒式刻点，每粒具黄色短绒毛 1 根，向后刻点渐平渐小，翅末端圆形，雌成虫鞘翅花纹变化较大，有时没有花纹，个体也变化较大，有的很小。足雄虫较长，较粗壮。

分布：山东、黑龙江、吉林、辽宁、内蒙古、河南、陕西、江苏、新疆、宁夏、河北；俄罗斯（西伯利亚、库页岛）、欧洲北部、蒙古、日本、朝鲜半岛。

1.15 云杉小墨天牛

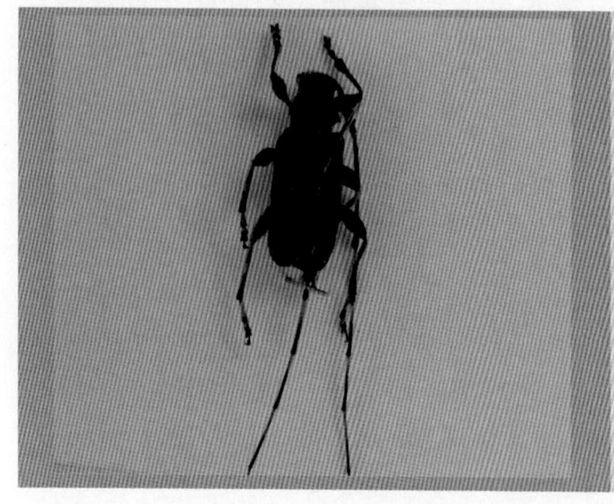

中文名 云杉小墨天牛（云杉小黑天牛）
学 名 *Monochamus sutor* (L.)
截获来源 朝鲜
寄 主 落叶松、云杉、冷杉、赤松、红松
采集人 惠民杰
截获时间 2006.06
鉴定人 惠民杰
复核人 李建国

形态特征：体长 15 ~ 24mm，体宽 4.5 ~ 7mm。体黑色，有时微带古铜色光泽。全身绒毛不密，尤以前胸背板最稀。绒毛从淡灰到深棕色，一般在头部及腹面呈淡色，在鞘翅呈深棕色，在前胸背板呈淡棕色，但亦有相当变异。雌虫在前胸背板中区前方常有 2 个淡色小斑点，鞘翅端部 3/4 被稀疏灰色绒毛，雄虫一般缺失。小盾片具灰白或灰黄色毛斑，光滑中线自基部直达端部。使小盾片白灰斑呈“V”字形，是区别云杉大墨天牛的重要特征。雄虫触角超过体长 1 倍多，全黑色；雌虫超过体长的 1/4 或更长，从第 3 节起每节基部被灰色毛。腹面被棕色长毛，以后胸腹板为密。头部触角上密布细颗粒。前胸背板两侧刻点粗密，中央较稀，一般在中央前方略有皱纹，但刻点和皱纹在不同个体间颇有变异；侧刺突粗壮，末端钝圆。鞘翅绒毛细而短，沿基缘及肩部具颗粒，全翅刻点粗糙，端部较基部为细，或多或少有一部分彼此合并，并有横皱纹；鞘翅末端钝圆。

分布：黑龙江、吉林、辽宁、内蒙古、河南、青海、山东；蒙古、欧洲、俄罗斯、朝鲜、日本。

1.16 黄斑星天牛

中文名 黄斑星天牛
学 名 *Anoplophora nobilis* (Gangldauer)，2002 年之后被看作光肩星天牛 *Anoplophora glabripennis*(Motschulsky) 的异名
截获来源 德国
寄 主 苹果、梨、杏、梅、柳、杨、柑橘、榆、小叶杨等
采集人 李伟
截获时间 2008.07
鉴定人 魏春艳
复核人 郭建波

形态特征：成虫体长 14 ~ 40mm 左右，宽 6.8 ~ 12mm 左右。外貌与光肩星天牛相似，但鞘面被黄色或淡黄色毛斑，约 15 个；鞘翅两侧略平行，内端角不为直角。腹面及小盾片被黄色绒毛。触角稍短，自第三节起每节基部的淡蓝色部分与黑色部分相等。

分布：辽宁、内蒙古、陕西、甘肃、四川、浙江、福建、河南、河北、北京。

1.17 光肩星天牛

中 文 名　光肩星天牛
学　　名　*Anoplophora glabripennis* (Motschulsky)
截获来源　朝鲜
寄　　主　槭、枫、苦楝、泡桐、花椒、榆、悬铃木、刺槐、苹果、梨、李、樱桃、樱花、柳、杨、马尾松、云南松、桤木、杉、青冈栎、桃、樟、枫杨、水杉、桑、木麻黄、黄桉、桦等50余种多年生树木
采 集 人　温有学
截获时间　2010.09
鉴 定 人　温有学
复 核 人　魏春艳

形态特征： 本种原称 *Cerosterna glabripennis*，外貌与星天牛很相似，主要区别在于：肩部无瘤突，体形较狭，体色基本相同，常常黑中带紫铜色，有时微带绿色。鞘翅基部光滑，无瘤状颗粒；表面刻点较密，有微细纹，无竖毛，肩部刻点较粗大，鞘翅面白色毛斑不规则，且有时较不清晰。触角较星天牛略长。前胸背板具毛斑，中瘤不显著，侧刺突较尖锐，弯曲。中胸腹板瘤突比较不发达。足及腹面黑色，常密生蓝白色绒毛。

分布： 黑龙江、吉林、辽宁、内蒙古、山东、陕西、山西、四川、江苏、浙江、安徽、湖北、广西、华北地区；朝鲜、日本。

1.18 小灰长角天牛

中 文 名　小灰长角天牛
学　　名　*Acanthocinus griseus* (Fabricius)
截获来源　日本
寄　　主　红松、鱼鳞松、杉、云杉、油松、华山松、马尾松、落叶松、核桃等
采 集 人　曾凡宇
截获时间　2013.07
鉴 定 人　刘丽玲
复 核 人　魏春艳

形态特征：体长 8 ~ 12mm，体宽 2.2 ~ 2.5mm。体较小，长形，较宽，略扁平；基底黑褐至棕褐色，触角各节基部及腿节基部棕红色；头被灰色短绒毛，颊着生绒毛带灰黄色。前胸背板被灰褐色绒毛，前端有 4 个污黄色圆形毛斑，排成 1 横行。小盾片中部被淡色绒毛。鞘翅被黑褐、棕褐或灰色绒毛，一般灰色绒毛多分布在每翅中部及末端，各成 1 条宽横带，其余翅面多为黑褐色或棕褐色绒毛，因此，在每翅显现出 2 条黑褐色横斑；在 2 个明显灰斑之间，尚有分散的灰色绒毛，在中部的灰斑内，有黑褐色小点，有时在翅基部散生少许灰色绒毛，腿节、胫节中部及体腹面被淡灰色绒毛，腿节及体腹散生有黑褐色小点。复眼小眼面细，复眼内缘深凹，复眼下叶长略胜于宽。颊略短于复眼下叶，额近于方形，表面较平；头中央有 1 条细沟，具细密刻点。雄虫触角为体长的 2.5 ~ 3 倍，雌虫触角为体长的 2 倍。前胸背板宽胜于长，两侧缘中部后有 1 个圆锥形的隆突，前、后同凹，胸面刻点较头部刻点粗而稀；小盾片短舌状。鞘翅两侧近于平行，末端圆形；翅面具粗密刻点，基部中央微凹。腿节后端十分膨大，后足胫节略弯曲，后足第 1 跗节十分长，长于以下各节的总和。雌虫腹部末节较长，与腹部第 1、2 节之和约等长，腹部末端伸出长的产卵管。

分布：黑龙江、吉林、辽宁、贵州、华南、内蒙古、甘肃、新疆、河南、山东、福建、广东、江西、广西、河北、陕西；俄罗斯 (库页岛)、朝鲜、日本、芬兰。

1.19 竖毛天牛

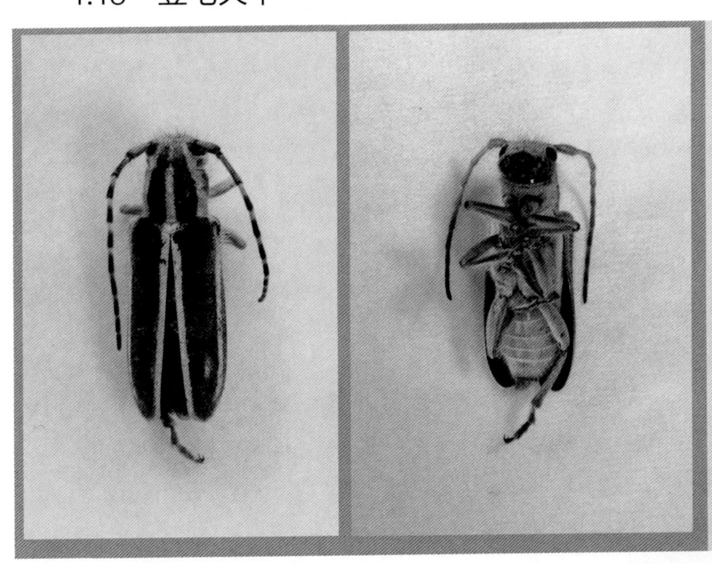

中 文 名	竖毛天牛 (麻天牛、麻竖毛天牛)
学　　名	*Thyestilla gebleri* (Faldermann)
截获来源	日本
寄　　主	大麻、宁麻、棉花、蓟
采 集 人	丁宁、董志宇
截获时间	2014.06
鉴 定 人	魏春艳
复 核 人	刘丽玲

形态特征：体长 10 ~ 14mm，宽 3 ~ 4mm。黑色，被有浓密绒毛和竖毛，体色深浅变异较大，从浅灰至棕黑色。头顶中央常有 1 条灰白色直纹。雄虫触角略长于体长，雌虫触角则短于体长。触角自第 3 节始，每节基部淡灰色。前胸背板中央及两侧共有 3 条灰白色纵条纹。小盾片被灰白色绒毛。鞘翅沿中缝及肩部以下各有灰白色纵纹 1 条。

分布：内蒙古、北京、辽宁、吉林、黑龙江、河北、山东、山西、陕西、江苏、浙江、湖北、四川、中国台湾、福建、广东；俄罗斯 (西伯利亚)、朝鲜、日本。

1.20 石纹墨天牛

中文名 石纹墨天牛
学名 *Monochamus sartor* (Fabricius)
截获来源 德国
寄主 主要寄主为云杉属 *Picea*，次要寄主为冷杉属 *Abies*、松属 *Pinus*。幼虫主要危害挪威云杉、欧洲赤松及其他松类
采集人 赵冬雪
截获时间 2015.07
鉴定人 刘丽玲
复核人 徐梅

形态特征：成虫体长 19 ~ 35mm。体黑色，头、前胸背板和鞘翅被稀疏的白色或微带黄色的绒毛，到翅端变密。雄虫触角均黑色，雌虫触角第 3 ~ 11 节基部被密集的白灰色密绒毛，触角长或很长。前胸背板和鞘翅具白色毛斑（雄虫经常无或不明显），雄虫鞘翅常常具带黑色的金属微光。小盾片密被微黄色绒毛，翅基部不密生刚毛，深凹。

分布：在欧洲分布于波兰、捷克、匈牙利、罗马尼亚、保加利亚、前南斯拉夫、奥地利、瑞士、阿尔巴尼亚、德国、法国、意大利和俄罗斯，主要发生于山区，从阿尔卑斯山到东西伯利亚都有分布。

1.21 暗褐断眼天牛

中文名 暗褐断眼天牛
学名 *Tetropium fuscum* (Fabricius)
截获来源 德国
寄主 主要危害云杉 *Picea* spp.，其次还危害冷杉 *Abies* spp.、松 *Pinus* spp.、落叶松 *Larix* spp.，偶尔也侵染阔叶树
采集人 李伟
截获时间 2013.07、2014.05
鉴定人 魏春艳
复核人 徐梅

形态特征：体长 8 ~ 17mm，黑色，鞘翅淡褐色带红棕色。体色变异大，头部中央有 1 条深纵沟，起始于触角基瘤之间，向后伸达后头后缘。复眼前缘深凹，上叶与下叶几乎分开，二者间仅一线相连，小眼面细小。触角较粗。雄虫触角较长，约达鞘翅中部，雌虫触角不达翅中部。前胸背板两侧圆弧形，中区暗淡无光，中区基部刻点密，有皱纹刻点。鞘翅中度隆起，两侧平行，末端宽圆，基部有 1 条宽的淡色横毛带。前胸背板和鞘翅上的毛较长且密。腿节强烈膨大，后足第 1 跗节长。

分布：新疆；欧洲、土耳其、日本和西伯利亚西部，加拿大东部新斯科舍省也有分布。

1.22 光胸断眼天牛

中文名	光胸断眼天牛
学名	*Tetropium castaneum* (L.)
截获来源	德国
寄主	主要危害西伯利亚红松、西伯利亚冷杉、西伯利亚云杉，对西伯利亚落叶松及欧洲赤松危害轻
采集人	李伟
截获时间	2006.04
鉴定人	魏春艳
复核人	杨晓军

形态特征：体长 8 ~ 17mm。黑色，鞘翅淡褐色带红褐色。体色变异甚大，或身体及鞘翅黑色，足及触角红棕色或红褐色；或身体、鞘翅、足及触角均呈黑色；或身体、触角和足黑色，鞘翅淡褐色。生活于平原地区的通常为淡色型，生活于高山区的成虫颜色变暗。头部中央有 1 条深纵沟，起始于触角基瘤之间，向后伸达后头后缘。复眼前缘深凹，上叶与下叶几乎分开，两者间仅一线 (宽度不多于 1 列小眼面) 相连，小眼面细小。触角较粗，雄虫触角较长，约达鞘翅中部，雌虫触角不达翅中部；柄节粗，其宽为长的 1/2，较第 3 节略长，第 2 节长于第 3 节之半，第 2 至 7 节向端部明显加粗。前胸背板两侧圆弧形，长宽略等，有强光泽，中央有 1 宽纵沟，端部和基部各有 1 条横沟，中区的刻点稀，两侧刻点甚密，着生近直立的黄色细毛。小盾片两侧近平行，末端宽圆，有 1 条宽而光滑的纵沟，基部布小刻点。鞘翅中度隆起，两侧平行，末端宽圆，中区有 2 条纵脊线，密布极小的刻点。腿节强烈膨扩，后足第 1 跗节长约等于第 2、3 节之和。

分布：黑龙江、吉林、辽宁、河北、山西、云南；欧洲、俄罗斯 (西伯利亚东部和西部、图瓦、库页岛、库纳施尔岛)、蒙古北部、朝鲜、日本北部。

1.23 暗梗天牛

中 文 名 暗梗天牛
学　　名 *Arhopalus tristis* (Fabricius)，目前被作为梗天牛 *Arhopalu rusticus* (Linnaeus) 的异名
截获来源 德国
寄　　主 樟子松、欧洲赤松、云杉属 *Picea*、胡桃属 *Juglans* 等
采 集 人 丁宁
截获时间 2013.07
鉴 定 人 魏春艳
复 核 人 刘丽玲

形态特征：成虫体长 9 ~ 22mm，宽 4 ~ 8mm。深红褐色至黑褐色，触角较短，雄成虫不足体长的 1/2，雌成虫不足体长的 1/3。头黑色至黑褐色，前胸背板具 2 条纵沟，有皱纹刻点，鞘翅各具 2 条纵沟。

分布：辽宁、吉林、黑龙江；朝鲜、韩国、俄罗斯 (西伯利亚、外高加索)、北非洲、叙利亚、欧洲。

1.24 梗天牛

中 文 名 梗天牛
学　　名 *Arhopalus rusticus* (L.)
截获来源 西班牙
寄　　主 松柏、柳杉、日本赤松、马尾松、赤柏、华山松、油松、冬瓜木、云南杉、白皮松、侧柏、杨、柳、桦、榆、栎、椴、云松等
采 集 人 丁宁
截获时间 2013.09
鉴 定 人 刘丽玲
复 核 人 魏春艳

形态特征：体长 20 ~ 30mm，宽 6 ~ 7mm。体较扁，褐色或红褐色，雌虫体色较黑，密被很短的灰黄色绒毛。头刻点密，中央有 1 条纵沟自额前端延伸至头顶中央。雄虫触角较雌虫粗而且长，达体长的 3/4，雌虫约达体长的 1/2。基部 5 节较粗，自第 6 节起逐渐较细，第 3 节最长，长于第 4 节及第 5 节。前胸宽胜于长，两侧圆，前胸背板刻点密，中央有 1 条光滑而稍凹的纵纹，与后缘前方中央的 1 个横凹陷相连接，在背板中央的两侧各有 1 个肾形

的长凹陷，上面具有较粗大的刻点。后缘直，前缘中央稍向后弯。小盾片大，末端圆钝，舌形。鞘翅两侧平行，后缘圆，各翅具有2条平行的纵隆纹，翅面刻点较前胸背板稀疏，基部刻点较粗大，愈近末端愈细弱。体腹面较光滑，颜色较背面淡，常呈棕红色。雄虫腹末较短阔，雌虫腹末节较狭长，基端阔，末端狭。

分布：内蒙古、辽宁、吉林、黑龙江、山东、四川、河北、甘肃、北京、浙江、湖北、云南、陕西、河南；俄罗斯(库页岛)、日本、欧洲、北非洲、蒙古。

1.25 松幽天牛

中文名 松幽天牛
学　名 *Asemum amurense* Kraatz
截获来源 朝鲜
寄　主 红松、松、云杉、落叶松、油松、华山松、鱼鳞松、日本赤松
采集人 陈士钊
截获时间 2014.07
鉴定人 魏春艳
复核人 刘丽玲

形态特征：体长11～20mm，体宽4～6mm。体黑褐色，密生灰白色绒毛，腹面有明显光泽。触角短，长度只达体长的一半，第5节显著长于第3节。头上刻点密，复眼凹陷不大，触角间有1明显纵沟。前胸背板的侧刺突呈圆形向外伸出，背板中央少许向下凹陷。小盾片长，为黑褐色。鞘翅长，顶端呈圆弧状，翅面上有纵隆起线，近前缘处还有一些横皱纹。

分布：黑龙江、吉林、辽宁、内蒙古、河北、浙江、四川、陕西、青海、新疆、宁夏、甘肃、山西、山东；朝鲜、俄罗斯、日本。

1.26 双簇污天牛

中文名 双簇污天牛
学　名 *Moechotypa diphysis* (Pascoe)
截获来源 日本
寄　主 栎属 *Quercus*、柞、杨、核桃、栗
采集人 赵冬雪
截获时间 2015.07
鉴定人 刘丽玲
复核人 魏春艳

形态特征：成虫体长 16 ~ 24mm，体宽 6 ~ 10mm。体阔，黑色，体被黑色、灰色、灰黄色及火黄色绒毛。触角自第 3 节起各节基部都具 1 淡色毛环。头部中央具纵纹 1 条，额长方形，长胜于宽。前胸背板粗糙，中央具 1 个“人”字形突起，两侧各具 1 个大瘤突。鞘翅多瘤状突起，基部 1/5 处各具 1 簇黑色长毛，极为显著。腹面具极显著的火黄色毛斑，有时带有红色，腹部第 1 ~ 4 节各具方形毛斑 1 对。中足胫节无斜沟。

分布：国内部分地区有分布；西伯利亚、俄罗斯、朝鲜、日本。

1.27　中华裸角天牛

中 文 名	中华裸角天牛（中华薄翅天牛）
学　　名	*Aegosoma sinicum* White
截获来源	朝鲜
寄　　主	苹果、杨、柳、白蜡、桤木、云杉、乌桐、枫杨
采 集 人	惠民杰
截获时间	2006.06
鉴 定 人	惠民杰
复 核 人	李建国

形态特征：成虫体长 30 ~ 52mm，体宽 8.5 ~ 14.5mm。全体赤褐色或暗褐色，有时鞘翅色泽较淡，为深红棕色，头胸部及触角基部数节色泽多半较深暗。头部具细密粒式刻点，并密生细短灰黄毛，上唇有较硬直的棕黄长毛，上颚黑色，分布深密刻点，前额中央凹下，后头较长，自中央至前额有 1 细纵沟。雄虫触角几与体长相等或略超过第 1 ~ 5 节，极粗糙，下面有刺状粒，柄节粗壮，第 3 节最长，数倍于第 4 节。雌虫触角较细短，约伸展至鞘翅后半部，基部第 5 节粗糙程度较弱。前胸背板前端狭窄，基部宽阔，呈梯形，后缘中央两旁稍弯曲，两边仅基部有较清楚边缘，表面密布颗粒刻点和灰黄短毛，有时中域被毛较稀。小盾片三角形，后缘稍圆。鞘翅宽于前胸节，向后渐形狭窄，表面呈微细颗粒刻点面，基部略粗糙，有 2 ~ 3 条较清楚的细小纵脊。腹面后胸腹板被密毛，足扁形。

分布：黑龙江、吉林、内蒙古、辽宁、河北、山东、天津、甘肃、河南、福建、上海、江苏、广西、北京、陕西、安徽、江西、湖北、湖南、云南、贵州、四川、西藏、中国台湾；朝鲜、日本、越南、缅甸。

（二）小蠹科 Scolytidae

2.1 橡木小蠹

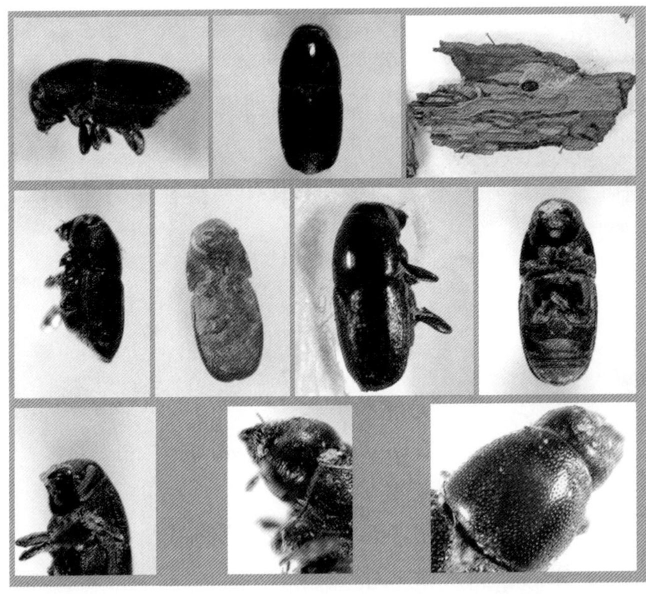

中文名 橡木小蠹
学　名 *Scolytus intricatus* Ratzeburg
截获来源 法国
寄　主 橡木
采集人 李长志、张少杰
截获时间 2005.05
鉴定人 杨晓军
复核人 安榆林

形态特征：体长 2.5 ~ 4.0mm，前胸背板黑褐色，近于黑色；鞘翅褐红色，无光泽，点刻分布很密，行间有很多斜的皱纹，沟上和沟间部分的点刻、大小、深度相同，因此点沟和沟间部分不易区分；雄虫额部比雌虫平，且密生短毛；此外，雄虫头壳前缘两侧有两束较长的毛；腹部不内陷，从第二腹节前缘起向后直线倾斜；鞘翅末端虽有锯齿，但很小，通常至合缝部分逐渐消失。

分布：欧洲、伊朗、土耳其、朝鲜。

2.2 家木小蠹

中文名 家木小蠹
学　名 *Trypodendron domesticum* L.
截获来源 法国
寄　主 欧洲山毛榉、桤木、灰桤木、欧洲鹅耳枥、东方鹅耳枥、欧洲花楸、白花花楸、胡桃、桑树、刺槐、欧洲板栗、枸骨叶冬青、苹果树、黄花柳、栎属 *Quercus*、槭属 *Acer*、桦木属 *Betula*、椴树属 *Tilia*、李属 *Prunus*、白蜡树属 *Fraxinus*、锦鸡儿属 *Caragana*、山楂属 *Crataegus* 等
采集人 李长志、张少杰
截获时间 2005.05
鉴定人 杨晓军
复核人 安榆林

形态特征：成虫体长 3.0 ~ 3.5mm，体表圆滑光亮；头部黑色，两复眼至额唇基间密生茸毛；触角褐色，锤状部顶端尖削成齿；老熟成虫前胸背板全部黑色，表面粗糙，鞘翅黄色，合缝、两侧边缘和顶端黑色；鞘翅斜面密生短茸毛，斜面上沿合缝处第一条点沟不深，但很明显，鞘翅末端成钝角。

分布：土耳其、俄罗斯、奥地利、比利时、保加利亚、英格兰、捷克、斯洛伐克、丹麦、爱沙尼亚、芬兰、法国、德国、希腊、匈牙利、爱尔兰、意大利、拉脱维亚、卢森堡、荷兰、挪威、波兰、瑞士、瑞典、西班牙、苏格兰、罗马尼亚、萨丁尼亚、塞尔维亚共和国、黑山共和国、克罗地亚共和国、斯洛文尼亚共和国、马其顿共和国、波斯尼亚和黑塞哥维纳共和国、加拿大。

2.3 黄条木小蠹

中文名	黄条木小蠹
学名	*Trypodendron signatum* (Fabricius)
截获来源	德国
寄主	水冬瓜、春榆、地锦槭
采集人	曾凡宇
截获时间	2013.07
鉴定人	魏春艳
复核人	刘丽玲

形态特征：成虫体长 3.5 ~ 3.9mm。圆柱形，头部与前胸背板黑色，鞘翅底面黄色，有 5 条黑色纵带，均匀分布于翅面，黑带狭窄，时常短缩，体表光泽较弱，少毛。触角锤状部基狭顶阔，形状如扇，两侧不对称，里侧直伸，外侧弓曲。刻点沟不凹陷，沟中的刻点大而略深，行列紊乱；沟间部宽阔，光滑无点。斜面开始于翅长后 1/5 处，下倾显著，第 1 沟间部突起为狭窄的纵脊，脊条上有小粒，脊条和小粒均微弱，第 3 沟间部不突起；鞘翅尾端下缘上翘，成为窄沟；整个翅面光秃，斜面上有少许短毛，匍匐疏散。

雄虫：额面强烈凹陷，额面的刻点细小，突起成粒，全面均匀散布；额毛分布在两侧边缘上，上下成列，毛梢曲向额心。前胸背板突起不高，背中部扁平，背面观近横矩形，长宽比为 0.7。背板底面有黑褐两色，各自成片，镶嵌散布，组成对称的图案；颗瘤前部尖利，大小相间，分布疏散，后部低平稠密，连成弧列；有底平无瘤的纵中线；背板的茸毛细弱，前长后短，分布在前半部，没有刻点。鞘翅长度为前胸背板长度的 2.3 倍，为两翅合宽的 1.7 倍。

雌虫：额面平隆，底面呈细网状，光泽晦暗，刻点突起成粒，粗大稠密，遍及全额面；中隆线隐约不显，纵贯上下；额毛细短直立，由下向上逐渐加长，全面散布。背板强烈突起，成为弓形，背面观后方前圆，呈盾形，长宽比为 0.8。背板的颗瘤较雄虫强大，疏散紊乱，由前向后渐次减弱；前缘上有 7 ~ 8 枚颗瘤，排列不规则；背板基缘前面有点粒；背板的茸毛短小疏少，分布在前缘和侧缘上，大部板面光秃。鞘翅长度为前胸背板长度的 2.1 倍，为两翅合宽的 1.7 倍。

分布：甘肃、四川、云南；欧洲、日本、韩国、朝鲜。

2.4 桤毛小蠹

中文名	桤毛小蠹
学名	*Dryocoetes alni* Georg.
截获来源	法国
寄主	山毛榉、榛子
采集人	李长志、张少杰
截获时间	2005.05
鉴定人	杨晓军
复核人	安榆林

形态特征：体长约 2.0mm，圆柱形，暗褐色，被稀疏的毛；触角锤状部侧面扁平，正面圆形，共 3 节，鞭节 5 节；前胸背板基部中央有一条（从侧面看）明显的隆起线；鞘翅上的点刻比较微细，鞘翅斜面上沿合缝处的第一对点沟不太深，合缝上和斜面第三对沟间上没有突起。

分布：欧洲西、中、东、东南部，以及丹麦、瑞典、挪威。

2.5 栎材小蠹

中文名	栎材小蠹
学名	*Xyleborus monographus* Fabricius
截获来源	法国
寄主	白蜡树、橡树、桤木、榆树、栗树等
采集人	梁春、张少杰
截获时间	2005.05
鉴定人	杨晓军
复核人	安榆林

形态特征：

雌虫：体长 3.0 ~ 3.5mm；前胸背板前缘斜度较大，从上面看，呈圆形；鞘翅斜面平而有光泽，几乎光滑。斜面上有 4 个大突起，几乎呈四角形，此外在斜面的边缘还有几个较小的突起。

雄虫：体长约 2.0mm；前胸背板前部有一深的凹穴，前缘有一伸长的鼻状物。

分布：欧洲、伊朗、韩国。

2.6 小粒材小蠹

中文名	小粒材小蠹
学名	*Xyleborinus saxesenii* (Ratzeburg)
截获来源	法国
寄主	铁杉、云杉、红松、华山松、杨、栎、无花果等
采集人	李长志、王洪军
截获时间	2005.05
鉴定人	杨晓军
复核人	安榆林

形态特征：雌虫体长 2.3 ~ 2.5mm；前胸背板后半部有非常微细的点刻，近于光滑；小盾片很小，刚能看见；鞘翅斜面无光泽。雄虫体长 1.7 ~ 2.2mm，扁平，多毛。鞘翅斜面上的点沟不明显，在第二对沟间部分有两道光滑的纵槽；第一、第三和以下各对沟间不明显，微显隆起，上有成行的明显突起。

分布：黑龙江、吉林、陕西、安徽、福建、四川、湖南、云南、西藏；日本、朝鲜、越南、印度、俄罗斯、欧洲、北美。

2.7 北方材小蠹

中文名	北方材小蠹
学名	*Anisandrus dispar* Fabricius
截获来源	法国
寄主	胡桃、鹅耳枥、榛、栎属 *Quercus*、苹果、梨、水榆花楸等
采集人	胡长生、张少杰
截获时间	2005.05
鉴定人	杨晓军
复核人	安榆林

形态特征：

雌虫：体长 3.0 ~ 3.7mm，圆柱形，粗壮，黑褐色；前胸背板前部的颗瘤大而疏散，空隙之间散布着小颗粒；背板前缘中部前突，上面有 5 ~ 6 枚颗瘤，背板刻点区中的刻点很多，越近基部分布越密；鞘翅沟中的刻点圆大深陷，沟间的刻点甚小，突成微粒；鞘翅斜面弓曲下倾，各沟间部高低一致，无特殊结构。

雄虫：体长约 1.8mm，全体弓突，体表茸毛有长短两种：短毛平铺在体背上，长毛竖立在体侧边缘上；前胸背板前端平直延伸，背面观近似等腰三角形，侧面观近似直线形；鞘翅强烈弓曲下倾。

分布：黑龙江；亚洲北部、欧洲、北美。

2.8 中穴星坑小蠹

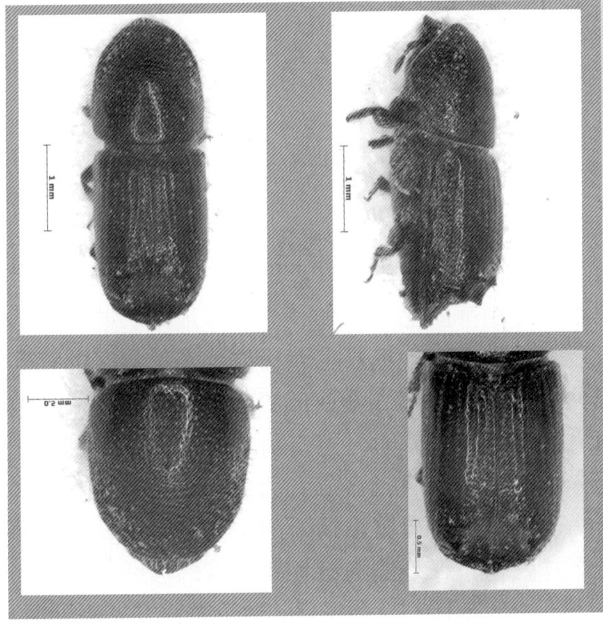

中文名	中穴星坑小蠹
学　名	*Pityogenes chalcographus* L.
截获来源	法国
寄　主	主要危害云杉属，少见于其他针叶树类群，如松属 *Pinus*、冷杉属 *Abies* 和落叶松属 *Larix*。国内报道的寄主为云杉、红皮云杉、白皮松和红松
采集人	李长志、张少杰
截获时间	2005.05
鉴定人	温有学
复核人	魏春艳

形态特征：体长 2.0 ~ 2.2mm，圆柱形，头、前胸背板黑色，鞘翅黑褐色，少毛，有光泽；触角柄节粗大，比索节长，索节 5 节，鞭节 4 节，锤状部正圆形，扁平，3 节，中部具二道几乎垂直的毛缝，端节约是基节和中节的和，中节明显缩短。雌虫额面正中有一扁形凹陷，前胸背板两侧各有一片无刻点区。鞘翅斜面中央具一深沟，沟两侧各有 3 个大齿，第 2 齿位于第 1、3 齿的中央，或略偏第 3 齿，并在第 3 齿的下方均有一小颗粒。雄虫鞘翅斜面第 2 齿位于中央。

分布：黑龙江、吉林、辽宁、内蒙古、上海 、四川和新疆；朝鲜、韩国、日本、蒙古和欧洲。

2.9 云杉八齿小蠹

中 文 名 云杉八齿小蠹

学　　名 *Ips typographus* L.

截获来源 朝鲜、意大利

寄　　主 红皮云杉、天山云杉、鱼鳞云杉、落叶松、红松

采 集 人 张立健、郭建波

截获时间 2006.07、2004.07

鉴 定 人 魏春艳

复 核 人 王金丽

形态特征：体长 4.0 ~ 5.0mm。圆柱形，红褐色至黑褐色，有光泽。眼肾形。额部平，全面散布粒状刻点，点粒均匀，虽突起而不粗糙，额心偏下有一大颗瘤，突出在额面的点粒之上；十分明显；额毛金黄色，细长挺立，由额下向上逐渐加长，稠密浓厚。前胸背板长大于宽；瘤区的颗瘤形似鳞片，扁薄清晰，规则间错地铺展在背板前半部；瘤区的茸毛金色，细长直立，稠密均匀，呈倒 U 字形分布，主要分布在背中部的前半部和背板两侧的全部；刻点区的刻点圆小细浅，稠密均匀地全面散布；只有一条平滑无点的背中线，将刻点从中断开，刻点光秃无毛。鞘翅长度为前胸背板长度的 1.3 倍，为两翅合宽的 1.5 倍。刻点沟凹陷，沟中的刻点圆大深陷，紧密相连，使翅面显露出清晰的条条纵沟来；沟间部宽阔微隆，在背中部沟间部中无点无毛，一片光亮；在翅侧边缘和鞘翅末端沟间部中遍布刻点，分布混乱不成行列。鞘翅的茸毛细弱舒长，分布在刻点稠密区，鞘翅前背方光亮无毛。翅盘开始于翅长的后 2/5 处，盘面纵向椭圆；翅缝突起，纵贯其中，盘底晦暗无光，好像涂有一层蜡膜；底面的刻点细小匀散，点心光秃无毛。翅盘两侧边缘上各有 4 齿，4 齿各自独立，没有共同的基部，第一齿尖小如锥；第二齿基宽顶尖，形如扁阔的三角；第三齿挺直竖立，最为高大，形如镖枪端头；第四齿圆钝；在这 4 齿中以第一齿最小，以第一与第二齿间的距离为最大。两性翅盘相同。

分布：黑龙江、吉林、新疆；朝鲜、俄罗斯、欧洲、中亚。

2.10 落叶松八齿小蠹

中文名 落叶松八齿小蠹
学　名 *Ips subelongatus* Motschulsky
截获来源 朝鲜
寄　主 落叶松、黄花落叶松、华北落叶松、樟子松、红松、赤松、红皮云杉、鱼鳞云杉等
采集人 刘勇先、陈士钊
截获时间 2005.07
鉴定人 魏春艳
复核人 王金丽

形态特征： 体长 4.4 ~ 6.0mm。黑褐色，有光泽。眼肾形，前缘中部有缺刻，眼在缺刻上部圆润，下部狭长。额面平而微隆，刻点突起成粒，圆小稠密，遍及额面的上下和两侧；额心没有大颗瘤；额毛金黄色，细弱稠密，在额面下短上长，齐向额顶弯曲。前胸背板长大于宽，长宽比为 1.2；瘤区与刻点区各占背板长度的一半；瘤区的颗瘤圆小细碎，分布稠密，从前缘直达背顶；瘤区中的茸毛细长挺立，在背中部分布于前半部，在背板两侧从前缘直分布到背板基缘；刻点区的刻点圆小浅弱，背板两侧较密，中部疏少；没有无点的背中线；刻点区光秃无毛。鞘翅长度为前胸背板长度的 1.4 倍。为两翅合宽的 1.7 倍。刻点沟轻微凹陷，沟中刻点圆大清晰，紧密相接；沟间部宽阔，靠近翅缝的沟间部中刻点细小稀少，零落不成行列；靠近翅侧和翅尾的沟间部中刻点深大，散乱分布；鞘翅的茸毛细长稠密，除鞘翅尾端和边缘外，在鞘翅前部的沟间部中也同样存在，只是略较稀疏。翅盘开始于翅长后部的 1/3 处，盘面较圆小，翅缝突起，纵贯其中，翅盘底面光亮；刻点浅大稠密，点心生细弱茸毛，尤以盘面两侧更多；翅盘两侧边缘上各有 4 齿，4 齿各自独立，没有共同的基部，第一齿尖小如锥，第二齿基宽顶尖，形如扁阔的三角，第三齿挺直竖立，最为高大，形如镖枪端头，第四齿圆钝，在这 4 齿中以第一齿最小，以第二、三齿间的距离最大。

分布： 黑龙江、吉林、山东、山西、浙江、云南、新疆；日本、蒙古、俄罗斯。

2.11 六齿小蠹

中文名　六齿小蠹
学　名　*Ips acuminatus* Gyllenhal
截获来源　朝鲜
寄　主　红松、华山松、高山松、油松、樟子松、思茅松
采集人　李建国
截获时间　2006.08
鉴定人　李建国
复核人　魏春艳

形态特征： 成虫体长 3.8 ~ 4.1mm，圆柱形，赤褐至黑褐色，有光泽；前缘中部有浅弧形凹刻；额面平隆光亮，具粗大刻点，有时成纵向刻纹，额下刻点成粒状，两眼间额中有较大颗粒 2 ~ 3 枚成横列；额毛黄色，细长竖立；前胸背板长稍大于或等于宽；瘤区和刻点区前后各占背板长度之半，鞘翅长度为前胸背板长的 1.4 倍，刻点沟凹陷，刻点圆大稠密，排列成行；鞘翅茸毛竖立疏长在翅盘周缘、尾端和边缘；翅盘始于翅长的 1/3 处，盘面宽阔凹陷，底面平滑光亮，散布刻点，其两侧边缘下部光、平，成一弧形边缘，而上部两侧各有间距不等的 3 齿，齿由小渐大，第 2 齿靠近第 3 齿，雄虫第 1、2 齿呈锥形，第 3 齿桩形，上下同宽；雌虫第 1 齿尖小独立，第 2 与第 3 齿连接，两齿形状相同，基宽顶尖，侧视呈扁三角形。

分布： 我国大部分省区；日本、朝鲜、蒙古、俄罗斯、欧洲。

2.12 北方瘤小蠹

中文名　北方瘤小蠹
学　名　*Orthotomicus golovjankoi* Pjatnitzky
截获来源　朝鲜
寄　主　冷杉属 *Abies*、红皮云杉、鱼鳞松、红松
采集人　温有学
截获时间　2004.07
鉴定人　温有学
复核人　魏春艳

形态特征：体长 2.7 ~ 3.3mm。圆柱形，赤褐色至黑褐色，有光泽，少毛。额中部平隆，下部浅弱凹陷，额底面细网状，刻点浅弱不明，偶有几枚突起呈粒状，散布疏落；额毛竖立疏少，长短不一，无中隆线。前胸背板的长宽比为 1.1；瘤区和刻点区各占背板长度的一半，瘤区的颗瘤圆钝低平，大小均匀，分布规则，瘤区与刻点区分界明显；刻点区平坦，刻点圆大清晰，均匀散布，遍布背板的后半部，没有空白无点的中线区；背板上的茸毛疏少挺立，长短不齐，分布在背板的前半部和两侧，背板后半部的中部有细短微毛，起自刻点中心，细小不明。鞘翅长度为前胸背板长度的 1.4 倍，为两翅合宽的 1.5 倍。刻点沟不凹陷，沟中刻点圆大深陷，稠密相接，排成径直清晰的行列；沟间部宽阔，刻点圆小疏少，行列断续，在翅盘前缘刻点散乱，不分沟中与沟间，时常连成短小的横沟，在翅侧刻点小而稠密，混乱分布；鞘翅的茸毛分布在翅缝后部，翅盘前缘和翅侧边缘上，其他部分有小毛存在，疏少不显。翅盘始于翅长后部的 1/4 处，盘面凹陷较深，盘底翅缝突起，翅缝两侧深陷成沟，沟中分布着稠密的刻点，聚成纵列，盘面其余部分的刻点也较稠密，点心生短毛，象刻点一样，密覆在翅面上；盘缘两侧各有三齿，第 1 对齿间的横向距离大于第 1 与第 2 齿间的纵向距离，第 3 齿的位置靠上，在翅盘下部的 1/3 处以上，成对的齿间横向距离较近；除上述三齿外，在第 2 与第 3 齿中间翅盘边缘上还有两个钝瘤，翅盘下缘平滑，无折曲波纹；雌虫盘缘也有三对齿，但齿形显著圆钝弱小。

分布：黑龙江、吉林；欧洲、朝鲜、韩国、日本。

2.13 边瘤小蠹

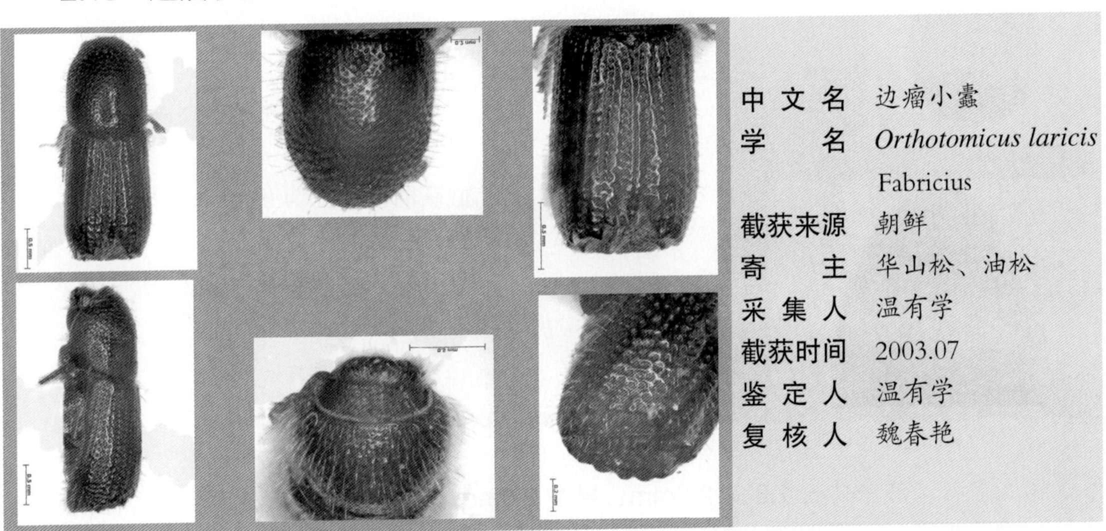

中文名	边瘤小蠹
学　名	*Orthotomicus laricis* Fabricius
截获来源	朝鲜
寄　主	华山松、油松
采集人	温有学
截获时间	2003.07
鉴定人	温有学
复核人	魏春艳

形态特征：体长 3.3 ~ 3.5mm。圆柱形，褐色，有光泽，被疏密适中的茸毛。额中部隆起，下部口上片横向凹陷；额底面呈细网状；有中隆线，纵贯额面，中隆线上半部光亮突起，较明显，下半部常被点粒所遮盖，隐约不明；额面的刻点粗大分散，时而突起成粒，时而下陷成点，并以额面隆起的最高点为心，连成同心弧；额毛疏少挺立，长短不齐。瘤区和刻点区各占背板长度一半，瘤区的颗瘤低平，形如波浪，刻点区平坦光亮，刻点圆大深陷，稠密散布，没有空白无点的背中线；背板上的茸毛长短不一：短毛均匀

分布，遍布全板面，毛梢伏向背顶；长毛疏少，分布在背板前部和侧缘上，也伏向背顶。鞘翅长度为前胸背板长度及两鞘翅合宽的 1.6 倍。刻点沟轻微凹陷，沟中刻点圆大甚深，稠密相连，致使翅面上的刻点沟明显清晰；沟间部宽阔平坦，靠近翅缝的四、五条沟间的刻点极少，几近光秃，翅盘前缘和鞘翅侧缘的沟间部刻点极稠密，混乱不成行；鞘翅的茸毛主要分面在刻点密集区，鞘翅背方的沟间部偶有一二枚，独自竖立。翅盘始于翅长后部的 1/5 处，盘面凹陷甚深，盘缘显著高于翅缝，盘面上的刻点圆大深陷，在翅缝两侧密集成列，其余部分刻点疏少，盘面刻点中心生小毛，向下方垂立；翅盘两侧各有三齿，第 1 对齿间的横向距离等于第 1 与 2 齿间的纵向距离，第 3 齿位置偏低，在翅盘下部 1/4 处，各齿的位置均靠近外侧边缘，成对的齿相距较远，在第 2 与第 3 齿之间翅盘边缘上还有二枚钝瘤，盘底下缘平滑，没有折角，雌虫盘缘上的齿也同样锐利，与雄虫的差别不大。

分布：山西、黑龙江、河北、陕西；日本、朝鲜、俄罗斯、欧洲。

2.14　小四眼小蠹

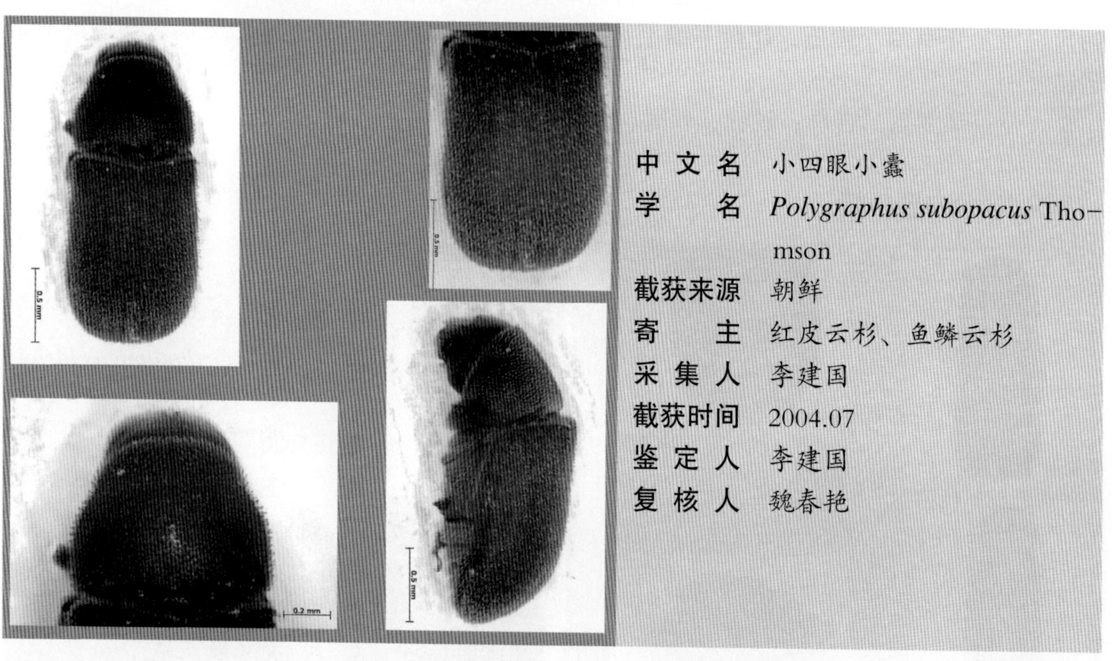

中文名	小四眼小蠹
学名	*Polygraphus subopacus* Thomson
截获来源	朝鲜
寄主	红皮云杉、鱼鳞云杉
采集人	李建国
截获时间	2004.07
鉴定人	李建国
复核人	魏春艳

形态特征：成虫体长 1.8 ~ 2.2mm，平均 2.0mm。触角鞭节 5 节，锤状部椭圆形，长度约与鞭节相等，末端圆钝。雄虫额面下部的凹陷不深，额底面平滑光亮，刻点细小正圆，分布均匀，额毛浅黄，毛梢簇向额心的双瘤突起。雌虫额面平而微凹，额心有一小瘤，有时瘤身向颅顶延伸，成一光滑纵线：额底面略晦暗，额面的刻点细小稠密，刻点间的间隔相互交织，粗糙面均匀，如细砂纸面，雌虫额毛较雄虫稠密竖立。背板底面光滑，刻点细小，疏密均匀，点心生鳞片，贴伏于板面上，鳞端指向纵中线。鞘翅长度为前胸背板长度的 2.4 倍，为两翅合宽的 1.7 倍；鞘翅两侧直线延伸；尾端圆钝。两翅基缘横向连通，构成一条狭窄锐

利的边缘，边缘上的锯齿细小稠密，向上方挺立；鞘翅刻点沟狭窄浅弱，几不凹陷，沟中刻点细小不显；沟间部平坦，上面刻点与沟中同样大小，均匀稠密，点心生灰黄色长方形鳞片，各沟间部横排 3 ~ 4 枚；除刻点外沟间部上还各有一纵列颗粒，起自翅基直达翅端，颗粒后方的鳞片与其余鳞片完全相同，只是比较竖立。

分布：吉林、黑龙江；俄罗斯、芬兰、挪威、丹麦、波兰、捷克、斯洛伐克、德国、奥地利、英国。

2.15 林道梢小蠹

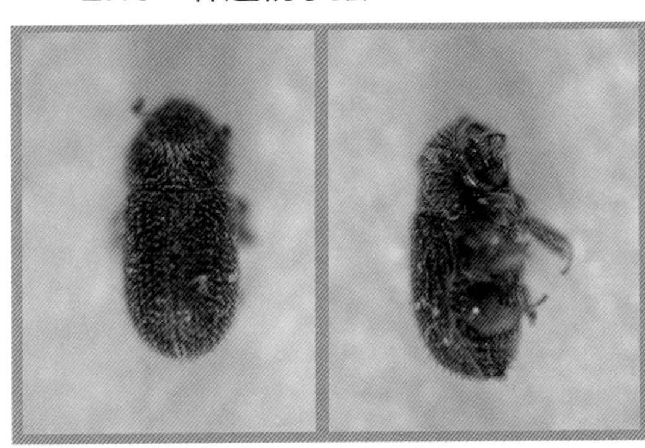

中文名 林道梢小蠹
学 名 *Cryphalus saltuarius* Weise
截获来源 法国
寄 主 云杉
采集人 张少杰、胡长生
截获时间 2005.05
鉴定人 杨晓军
复核人 安榆林

形态特征：体长 1.5 ~ 1.8mm，圆柱形，光泽较弱。触角锤状部较大，呈卵形，端部稍尖。额面的刻点粗糙，茸毛疏少竖立，全面散布；额部的中隆线雌虫显著，雄虫微弱；口上片中央的缺刻不明显。前胸背板长略小于宽；背板前缘上没有颗瘤，而在前缘之后有 4 ~ 5 枚小颗瘤，横排松散，前后不齐。整个背板强烈突起，瘤区的颗瘤独立单生，散布均匀，有如棋子；顶部的颗瘤后缘形成锐角；背板后半部下倾陡峭，上面的刻点突起成粒；刻点区没有鳞片，只有茸毛。鞘翅长度为前胸背板长度的 2 倍，为两翅合宽的 1.5 倍。鞘翅基缘与背板基缘等宽，两侧缘直向延伸，鞘翅尾端圆钝。刻点沟不甚显著，似陷非陷，沟中的刻点圆形，排列不规则，点心生微毛；沟间部宽阔，在翅基部和小盾片附近沟间部表面粗糙，以后变平坦；沟间部的刻点细小多列，鳞片稠密，沟间部的刚毛短小倾斜。

分布：四川；俄罗斯（西伯利亚）、东欧。

2.16 纵坑切梢小蠹

中文名 纵坑切梢小蠹
学 名 *Tomicus piniperda* L.
截获来源 朝鲜
寄 主 华山松、马尾松、高山松、油松、云南松
采集人 温有学
截获时间 2008.08
鉴定人 魏春艳
复核人 温有学

形态特征：成虫体长 3.4 ~ 5.0mm。头部、前胸背板黑色，鞘翅红褐色至黑褐色，有强光泽。额部略隆起，额心有点状凹陷；额面中隆线起自口上片，止于额心凹点，突起显著，突起的高低在不同个体中有差异；额部底面平滑光亮，额面刻点圆形，分布疏散；点心生细短茸毛，倾向额顶，口上片边缘的额毛长密下垂。前胸背板的长度与背板基部宽度之比为 0.8。鞘翅长度为前胸背板长度的 2.6 倍；为两翅合宽的 1.8 倍。刻点沟凹陷，沟内刻点圆大，点心无毛；沟间部宽阔，翅基部沟间部生有横向隆堤，起伏显著，以后渐平，出现刻点，点小有如针尖锥刺的痕迹，分布疏散，各沟间部横排 1 ~ 2 枚；翅中部以后沟间部出现小颗粒，从此向后，排成纵列；沟间部的刻点中心生短毛，微小清晰，贴伏于翅面上，短毛起自横向隆堤之后，继续到翅端，但不显著；沟间部的小粒后面伴生刚毛，挺直竖立，如小粒一样，从翅中部起至翅端止排成等距纵列。斜面第 2 沟间部凹陷，其表面平坦，只有小点，没有颗粒和竖毛。

分布：辽宁、河南、陕西、江苏、浙江、湖南、四川；东南亚、日本、朝鲜、蒙古、俄罗斯、欧洲、北美洲。

2.17 横坑切梢小蠹

中文名　横坑切梢小蠹
学名　*Tomicus minor* Hartig
截获来源　朝鲜
寄主　马尾松、油松、云南松
采集人　温有学
截获时间　2003.08
鉴定人　温有学
复核人　魏春艳

形态特征：成虫体长 4 ~ 5mm，黑褐色。鞘翅基缘升起且有缺刻，近小盾片处缺刻中断，与纵坑切梢小蠹极其相似，主要区别是横坑切梢小蠹的鞘翅斜面第 2 列间部与其他列间部一样不凹陷，上面的颗瘤和竖毛与其他沟间部相同。母坑道为复横坑，由交配室分出左右两条横坑，稍呈弧形。子坑道短而稀，长约 2 ~ 3cm，自母坑道上下方分出，蛹室在边材上或树皮内。

分布：河南、陕西、江西、四川、云南、甘肃；日本、俄罗斯、丹麦、法国。

2.18 根小蠹属

中 文 名　根小蠹属
学　　名　*Hylastes* sp.
截获来源　法国
采 集 人　梁春、李长志
截获时间　2005.04
鉴 定 人　温有学
复 核 人　魏春艳

形态特征：中型种类。形狭长，头尾稍尖，黑褐色；稍有光泽，体表有短刚毛，有时鞘翅斜面有鳞片。眼长椭圆形。触角基部与眼前缘有一定距离，有触角沟，鞭节7节，锤状部棍棒状，顶端尖锐，形如纺锤，由4节构成，节间有横直毛缝。额部狭长，额毛疏短。前胸背板长大于宽或等于宽，背板侧缘自基部向端部渐变狭窄，有背中线。鞘翅基缘横直，小盾片处向后折曲，基缘上有粗糙的皱纹，无锯齿，鞘翅侧缘直伸，尾端收缩尖利。

（三）长蠹科 Bostrichidae

3.1 双钩异翅长蠹

双钩异翅长蠹 雌　双钩异翅长蠹 雄

中 文 名　双钩异翅长蠹
学　　名　*Heterobostrychus aequalis* (Waterhouse)
截获来源　新加坡
寄　　主　心叶水杨梅、*Albizzia stipulate*、*Anisopter glabra*、印度簕竹、长果木棉、木棉、*Bombax anceps*、印度乳香、安达曼橄榄、腊肠树、红椿、印度黄檀、牡竹、龙脑香、陀螺状龙脑香、黄桐、羽叶白头树、*Koompassia malaccensis*、翅果麻、厚皮树、银合欢、杧果树、印度桑、柳桉、*Parishia insignis*、黄蝴蝶、印度紫檀、橡木 *Hevea* sp.、栎木 *Quercus* spp.、浅红娑罗双、娑罗双、有翅苹婆、钟状苹婆、柚木、红果榄仁树、二羽榄仁树、千果榄仁树、*Terminalia tomentosa*、榆绿木、白藤、省藤、褐黄省藤及藤枝等
采 集 人　弥娜
截获时间　2012.11
鉴 定 人　魏春艳
复 核 人　陈志粦

形态特征： 体长 6.0 ~ 13.0mm，宽 2.1 ~ 3.5mm。红褐至黑褐色，触角、须及足跗节黄褐色。体延长，圆筒形，中等光泽，体背光滑无毛。

雄虫：头比前胸背板窄许多，前额颗粒极密而粗，后头具平行短纵脊。唇基隆起，刻点细而不规则，端平截。唇基沟不明显。上唇前段密被平行金黄色长毛。触角柄节粗壮，棒 3 节扩大，其长度超过触角全长的一半，端节呈椭圆形。

前胸背板方形，强烈隆起，最大宽度在中部或后部。前半部强烈急下弯，端弓凹缘，两侧宽圆或中部平行，前端两侧缘较强烈弧形狭缩，前角具一较大的钩状齿，前缘后面明显横凹，后缘角成直角或多少有叶状突。基半部表面刻点不规则，细而稀疏，并混杂少许粗刻点，多少有鳞片状。前半部齿密而宽短，前端侧缘具 4 ~ 5 粒宽锯齿。小盾片近方形。

鞘翅基部几乎与前胸背板后角等宽，基略呈波纹状，肩角明显，两侧缘自基缘向后平行延伸，尾端宽圆，缝端凹缘。亚缘隆线自翅端向前延伸，在斜面处向上弯曲成亚侧隆脊。翅面无明显纵圆脊。每翅斜面两侧各具 2 齿，上齿较大，向上并向中线弯曲，呈强钩状齿，下齿较小，垂直延长，中等突出。缝缘在斜面隆起，翅面刻点粗密而深，中区刻点多少明显排成列，但往斜面刻点不明显成列。

腹面刻点细密，被稀疏贴伏黄色极短毛，可见末腹片端部密被黄色长毛。雄虫外生殖器：阳茎长 0.14 ~ 0.15mm，阳茎前 2/3 向端略渐窄，端尖，后 1/3 分叉，阳基侧突上端膨大形成头状，下端纤细。

雌虫：与雄虫相似，但翅斜面两侧无大钩状齿，仅有 2 瘤状突起。

分布： 中国台湾、中国香港、广东、广西、海南及云南；泰国、马来西亚、印度尼西亚、菲律宾、印度、斯里兰卡、日本、越南、缅甸、以色列、马达加斯加、巴巴多斯、古巴、美国（佛罗里达和迈阿密曾有零星发生）。

3.2 槲长蠹

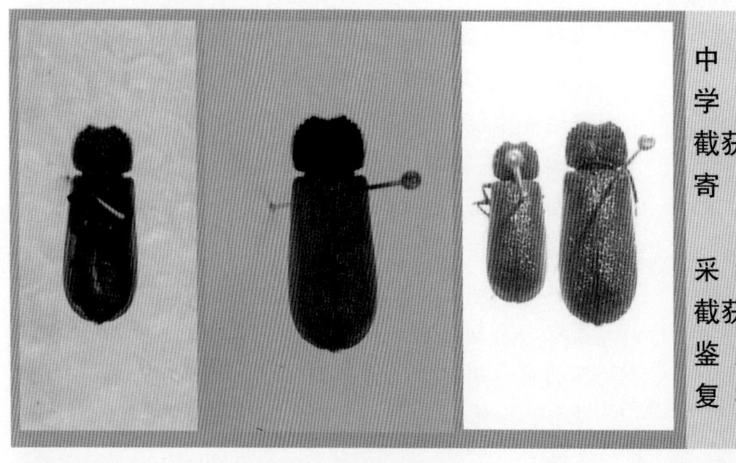

中文名	槲长蠹
学名	*Bostrichus capucinus* (L.)
截获来源	法国
寄主	欧洲白栎、圣栎、刺叶高山栎、枣树
采集人	李长志、梁春
截获时间	2005.05
鉴定人	魏春艳
复核人	温有学

形态特征： 体长 7.5 ~ 16mm，宽 2.5 ~ 5.5mm。体延长，稍扁平，体黑色。鞘翅有红、黄、黑色，腹部后 4 腹片常为红色，触角、须、上唇、足跗节红褐色。雄虫头比前胸背板窄许多，不平坦，有时头顶明显具一纵沟；刻点粗，汇合而有皱纹，被不显著稀疏竖立长毛。前胸背

板宽略大于长，最大宽度在中部，前半部强烈急下弯；两侧宽圆，表面不平坦，刻点粗密而不规则，刻点间着生粗颗粒。前半部侧面有众多不规则宽锉状齿突，近前缘中部有一横向间断弯曲脊。侧面和沿前缘被相当密而竖立的褐色长毛。鞘翅基部与前胸背板前中部几乎等宽，侧缘有一窄平滑圆脊，从肩延伸到翅端。两侧缘自基缘向后平行延伸，尾端宽圆，表面平滑无毛，具光泽，刻点粗密而深，在斜面刻点有时有皱。腹面刻点细而密，被不显著半立极短毛，腹板和末腹片端被稀疏半立长毛。后足跗节下面着生褐色长细毛。雌虫与雄虫相似，但后足跗节下面无褐色长细毛。

分布：新疆、宁夏；欧洲（除挪威、瑞典、苏格兰、爱尔兰、俄罗斯北部地区以外）、地中海岛屿及摩洛哥、阿尔及利亚、突尼斯、叙利亚。

3.3 黑双棘长蠹

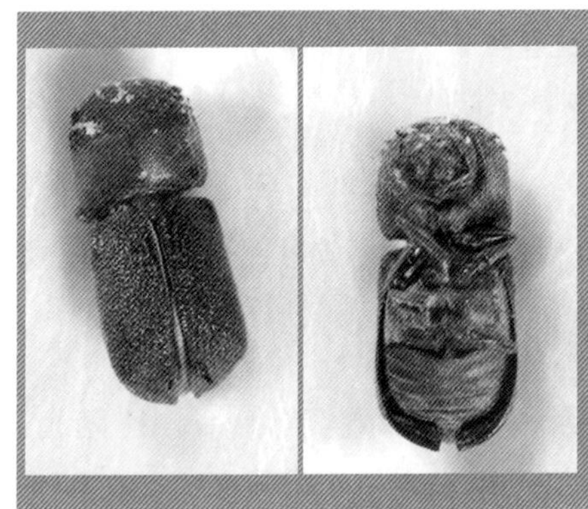

中文名	黑双棘长蠹
学名	*Sinoxylon conigerum* Gerstacker
截获来源	捷克
寄主	心叶水团花、合欢、橡胶木、印缅榆、杧果、娑罗双、榄仁树、千果榄仁树、椴叶扁担杆
采集人	丁宁
截获时间	2013.07
鉴定人	魏春艳
复核人	陈志粦

形态特征：体长 3.5 ~ 6.0mm，宽 2.0 ~ 2.5mm。体短，暗红褐色至黑色，触角、须、足及腹部分黄褐色至红褐色。头前额沿前缘具 4 个小瘤突，前额颗粒粗密，被少许不显著短毛。后头具细长平行纵脊。唇基颗粒细而稀疏，近前端有一横波状隆线。该隆线在中部成角向两侧延伸至上唇基齿。唇基沟明显。上唇刻点极细而密。触角 10 节，末 3 节特化成单栉齿状或扇形，几乎光滑无毛，棒第 1 节最窄，两侧近平行，棒第 2 节宽大于前 7 节长之和，略比棒第 1 节宽，棒第 3 节前面有细沟。

前胸背板宽略大于长，帽状，最大宽度在沿基半部，后侧缘平行，两侧缘由中部向前端弧形狭缩，前角具 1 钩状小齿，后角钝圆。表面被不显著贴伏稀疏短毛。前半部具齿状或突起颗粒，两侧缘各具 4 大锯齿；前 3 齿大而尖，后 1 齿小而钝；后半部具刻点。小盾片三角状。鞘翅基部几乎与前胸背板沿基半部等宽，两侧缘自基缘向后略扩展延伸，尾端宽圆，亚缘脊沿斜面端缘隆起而锐利。前半部翅缝两侧呈 V 形隆起，表面被相当稀疏贴伏黄色短毛；基半部中区毛较稀疏，刻点粗密，有时汇合。斜面弓形急下弯，上侧无缘边，无亚侧隆线。亚缘隆线不在斜面处向上弯曲而沿鞘翅两侧向前延伸至鞘翅中部。斜面近中部缝缘两侧有 1 对直立锥形齿。该齿粗，表面平滑，端尖，齿基窄分离，在齿与端缘之间缝缘宽而强烈隆起，沿缝缘外侧凹凸不平。但无齿突。腹板刻点细密，密被贴伏苍白色长毛，腹部可见末腹片端宽圆或平截。

分布：印度、斯里兰卡、马来西亚、泰国、印度尼西亚、菲律宾、夏威夷、委内瑞拉、马达加斯加、非洲东部地区。

3.4 谷蠹

中文名　谷蠹
学　名　*Rhyzopertha dominica* (Fabricius)
截获来源　印度
寄　主　主要取食谷物，还危害豆类、块茎、块根、中药材及图书档案等
采集人　梁振宇、韩冬
截获时间　2014.09
鉴定人　魏春艳
复核人　刘丽玲

形态特征：体长 2 ~ 3mm。长圆筒状，赤褐至暗褐色，略有光泽。触角 10 节，第 1、第 2 节几等长，触角棒短，3 节，棒节近三角形。前胸背板遮盖头部，前半部有成排的鱼鳞状短齿作同心圆排列，后半部具扁平小颗瘤。小盾片方形。鞘翅颇长，两侧平行且包围腹侧；刻点成行，着生半直立的黄色弯曲的短毛。

分布：黑龙江、内蒙古、河北、河南、山东、安徽、山西、陕西、甘肃、青海、四川、湖北、湖南、江苏、浙江、云南、贵州、广东、广西、江西、福建、中国台湾；世界广大的温暖地区（Potter 报道遍及南北纬 40° 以内），但在西欧较冷的地区该虫也已经定居。

（四）长小蠹科 Platypodidae

4.1 柱体长小蠹

中文名　柱体长小蠹
学　名　*Platypus cylindrus* (Fabricius)
截获来源　法国
寄　主　松树 *Pinus* spp.
采集人　梁春、胡长生
截获时间　2005.05
鉴定人　温有学
复核人　魏春艳

形态特征：雄成虫体长 5.0 ~ 5.5mm，圆柱形，黑褐色。头额扁平而宽，背面观不见额部，眼圆，略凸，头略比前胸窄；触角短，柄节短而粗壮，锤状部扁平，近圆形，索节 4 节，侧面被长毛。前胸背板长方形，两侧缘中后各有凹入足窝，足窝后角明显比前角长，最

大宽度在足窝后角中后处，中线不达中部。鞘翅两侧缘自基向后 2/3 处几乎垂直或平行延伸，然后略扩展延伸，最大宽度在近斜面处，随后急剧收缩，后端宽圆；翅面刻点沟窄而下陷，沟间宽而凸起成脊；斜面表面粗糙，茸毛密布，在沟间成行排列，端缘具一对亚端缘齿。

分布：北美、欧洲、地中海盆地。

4.2 芦笛长小蠹

中文名	芦笛长小蠹
学　名	*Dinoplatypus calamus* (Blandford)
截获来源	德国
寄　主	日本七叶树、米槠、虎皮楠、纯齿山毛榉、冬青、红楠、多花泡花树、李、大叶栎、赤皮椆、大叶青冈栎、青栲等
采集人	丁宁、李伟
截获时间	2010.08
鉴定人	魏春艳
复核人	刘金华

形态特征：成虫体长 3.0 ~ 3.8mm。雄虫鞘翅赤褐色，有光泽，末端黑褐色；头与前胸等宽，下颚须扁膜状。复眼着生于头部前方外侧，圆形。额部斜切状，其上布满蠕纹及绒毛。触角球状部呈叶片状，其上密布绒毛。头顶中央线明显。前胸背板足窝后角大于前角，背中线位于背板中下部，两侧具菌囊 4 或 5 列，菌囊排列成矢形。鞘翅刻点沟明显，规则成行且基部较深，沟间部扁平，疏布细微刻点。鞘翅末端特别厚，形成一宽而弯的镰刀形。雌虫鞘翅黄褐色，末端紫色。头稍狭于前胸；前胸背板菌囊泡 6 或 7 列，其组成的菌囊呈心形；鞘翅斜面呈半月形。

分布：国内局部地区有分布；日本、韩国。

（五）象虫科 Curculionidae

5.1 玉米象

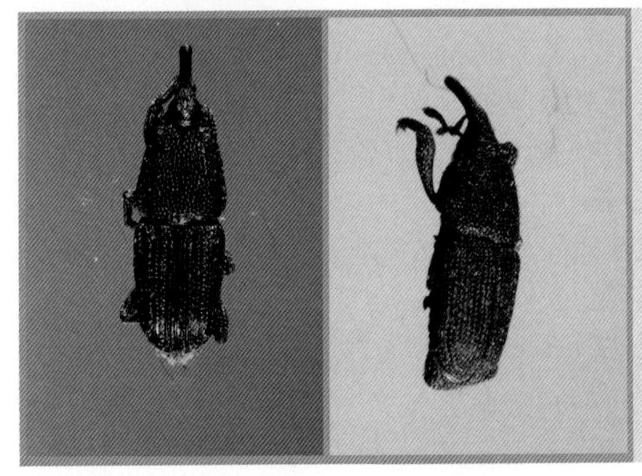

中文名	玉米象
学　名	*Sitophilus zeamais* Motschulsky
截获来源	朝鲜
寄　主	危害谷物及加工品、豆类、油料、干果、中药材
采集人	马成真、李艳丰
截获时间	2012.02、2015.07
鉴定人	刘丽玲
复核人	魏春艳

形态特征：该种与米象极其近缘，二者外部形态十分相似，主要的区分特征在于：玉米象雄虫阳茎背面有 2 条平行的纵沟；雌虫“Y”形骨片的两侧臂末端尖细，两侧臂的间距远大于两侧臂宽之和。

分布：国内各省（区）；世界大多数国家和地区。

5.2 栗象

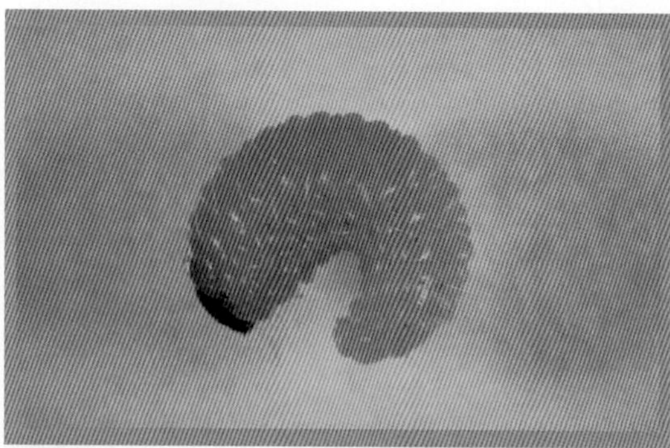

中文名	栗象
学名	*Curculio davidi* Fairmaire
截获来源	朝鲜
寄主	板栗、茅栗
采集人	陈士钊
截获时间	2014.08
鉴定人	陈士钊
复核人	魏春艳

形态特征：雌虫：体长 6 ~ 9mm，身体粗壮，前后呈圆锥形，深黑色，不发光，披覆黑褐或灰色鳞片，前胸背板的后角，鞘翅基部、外缘及中间以后的带披覆白色鳞片；鞘翅缝后端大部分有一排近于直立的白毛；腹面披覆白色鳞片，两边鳞片较密；足散生灰色毛。喙略长于体长，端部 1/3 弯；触角着生在喙基部的 1/3，柄节等于索节前 5 节之和，第 1 与第 2 索节等长，第 7 索节远长于第 1 棒节。鞘翅肩角圆，向后缩的很窄，端部圆。足细长，腿节各有一宽而尖的齿。

雄虫：体长 5 ~ 8mm，喙短于体长；触角着生于喙中间以前，柄节长等于索节全部之和，第 2 索节长略等于第 1 索节。

幼虫：成熟时体长 8.5 ~ 12mm，乳白色至淡黄色，头部黄褐色，无足，体常略呈“C”形弯曲，体表具多数横皱纹，并疏生短毛。

分布：国内局部分布；欧洲、朝鲜、美国、韩国。

5.3 稻水象甲

中文名	稻水象甲
学名	*Lissorhoptrus oryzophilus* Kuschel
截获来源	朝鲜
寄主	主要是水稻、稗
采集人	惠民杰
截获时间	2010.07
鉴定人	惠民杰
复核人	李建国

形态特征：体长 2.6 ~ 3.8mm，体壁褐色，密布相互连接的灰色鳞片。前胸背板和鞘翅

的中区无鳞片，呈暗褐色斑。喙端部和腹面触角沟两侧、头和前胸背板基部、眼四周、前、中、后足基节基部、腹部三四节的腹面及腹部的末端被黄色圆形鳞片。喙和前胸背板约等长，两侧边近于直，只前端略收缩。鞘翅明显具肩，肩斜。翅端平截或稍凹陷，行纹细不明显，每行间被至少 3 行鳞片，第 1、3、5、7 行中部之后上有瘤突。腿节棒形不具齿。胫节细长弯曲，中足胫节两侧各有一排长的游泳毛。雄虫后足胫节无前锐突，锐突短而粗，深裂呈两叉形。雌虫的锐突单个长而尖，有前锐突。

分布：河北、天津、北京、吉林、辽宁、山东、山西、浙江、福建、中国台湾、安徽、湖南；朝鲜、韩国、日本、印度、加拿大、美国、墨西哥、古巴、多米尼加、哥伦比亚、圭亚那、苏里南、委内瑞拉、古巴、多米尼加共和国。

5.4 欧洲松树皮象

中文名 欧洲松树皮象
学 名 *Hylobius abietis* (L.)
截获来源 朝鲜
寄 主 青松、樟子松、落叶松、红松
采集人 温有学
截获时间 1996.07
鉴定人 温有学
复核人 魏春艳

形态特征：成虫体长 9 ~ 16mm，鞘翅初为紫褐色，后变红棕色至暗棕色。鞘翅表面具长毛，有黄色鳞片组成的狭长斑，呈不规则线性排列。前胸背板具刚毛，皱纹，有黄色鳞片组成的块斑。头具两块黄色小斑。触角膝状，着生在近喙末端。足胫节末端具强齿。

分布：不详。

（六）皮蠹科 Dermestidae

6.1 黑毛皮蠹

中文名 黑毛皮蠹
学 名 *Attagenus unicolor japonicus* Reitter
截获来源 日本
寄 主 危害毛呢、地毯、羽毛制品、皮张、谷物、豆类等
采集人 郭建波
截获时间 2008.07
鉴定人 魏春艳
复核人 刘金华

形态特征：体长 3 ~ 5mm。椭圆形，表皮暗褐色至黑色，多为黑色，前胸背板颜色不比鞘翅深或稍比鞘翅深。触角 11 节，触角棒 3 节，雄虫触角末节长约为第 9、第 10 节之和的 3 倍，雌虫触角末节略长于第 9、第 10 节之和。背面大部分被暗褐色毛，仅鞘翅基部、前胸背板两侧及后缘着生黄褐色毛。

分布：我国东半部大部分省（区）；蒙古、朝鲜、日本。

6.2 条斑皮蠹

中文名	条斑皮蠹
学名	*Trogoderma teukton* Beal
截获来源	德国
寄主	危害谷物，蚕丝、蚕茧、豆饼、棉籽饼、动物标本、中药材及家庭储藏品
采集人	曾凡宇、丁宁
截获时间	2012.08
鉴定人	魏春艳
复核人	张生芳

形态特征：体长 1.8 ~ 3.2mm，宽 1.1 ~ 1.9mm。鞘翅表皮的红褐色斑纹形成亚基带环、亚中带和亚端带，上述横带间无纵带相连，在上述淡色带上着生淡色斑毛，其余部分着生暗褐色毛。触角 11 节，雄虫触角由第 5 节至第 10 节逐渐加宽，末节窄于第 10 节且稍长于第 9、第 10 节之和。

分布：黑龙江、吉林、内蒙古、河北、山东；哈萨克斯坦、中亚、日本、美国。

6.3 拟白腹皮蠹

中文名	拟白腹皮蠹
学名	*Dermestes frischii* Kugelann
截获来源	德国
寄主	危害皮张、鱼类加工品、蚕丝和中药材
采集人	曾凡宇
截获时间	2013.06
鉴定人	魏春艳
复核人	刘丽玲

形态特征：体长 6 ~ 10mm。前胸背板两侧及前缘着生大量白色或淡灰色毛，形成淡色宽毛带；两侧在淡色毛带的基部各有 1 卵圆形黑斑，使淡色带的基部呈叉状。腹部各腹板的两前侧角各有 1 黑斑，第 5 腹板端部中央还有 1 横形大黑斑。

分布：国内大部分省（区）；中南欧、俄罗斯、伊朗、阿富汗、中亚、非洲、新热带区。

6.4 白腹皮蠹

中文名 白腹皮蠹
学　名 *Dermestes maculatus* Degeer
截获来源 印度、韩国
寄　主 危害皮革、蚕丝、蚕茧、肉类鱼类加工品、动物性药材、动物标本及家庭储藏品
采集人 梁振宇、韩冬、席家文
截获时间 2008.08、2014.09
鉴定人 刘丽玲、席家文
复核人 魏春艳

形态特征：体长 5.5 ~ 9.5mm。表皮赤褐色至黑色，背面密被黄褐色、白色及黑色毛，前胸背板两侧及前缘着生大量白色毛。腹面大部分着生白色毛，第 1 ~ 4 腹板每前侧角有 1 黑色毛斑，第 5 腹板大部被黑色毛，每侧有 1 条白色条带。鞘翅边缘在端角之前的一段有多数微齿，端角向后延伸成一细刺。雄虫仅腹部第 4 腹板中央有一凹窝，由此发出一直立毛束。

分布：中国各省区；世界性分布。

6.5 红带皮蠹

中文名 红带皮蠹
学　名 *Dermestes vorax* Motschulsky
截获来源 韩国
寄　主 危害皮张、中药材和家庭储藏品，也是养蚕业的害虫之一
采集人 席家文
截获时间 2008.08
鉴定人 李龙根
复核人 席家文

形态特征：体长 7 ~ 9mm，表皮黑色。前胸背板着生单一黑色毛，周缘无淡色毛斑。鞘翅基部由红褐色毛形成一宽横带，每鞘翅的横带上有 4 个黑斑。雄虫腹部第 3、第 4 腹板近中央各有一直立毛束。

分布：黑龙江、吉林、辽宁、内蒙古、河北、山东、甘肃、新疆、广西、浙江等省区；俄罗斯的东部沿海边区、朝鲜、日本。

（七）蚁形甲科 Anthicidae

7.1 谷蚁形甲

中文名 谷蚁形甲
学　名 *Anthicus floralis* (L.)
截获来源 德国
寄　主 腐食性，取食腐殖质、霉菌和死昆虫，偶尔也捕食小节足动物
采集人 李伟、赵冬雪
截获时间 2011.07、2015.07
鉴定人 刘丽玲
复核人 魏春艳

形态特征：体长 2.8 ~ 3.5mm。淡褐色、深褐色或近黑色。头部宽，心脏形，后缘几乎直；头部刻点间有细纹刻饰。前胸背板前宽后窄，最宽处位于端部 1/5 处，长略大于宽，近前缘处有 1 对并列的瘤状突。鞘翅宽于前胸，其长为前胸背板的 3 倍，无行纹，仅在每鞘翅端有 1 条与翅缝平行的陷线。

分布：国内大部分省（区）；世界性分布。

（八）步甲科 Carabidae

8.1 黄斑青步甲

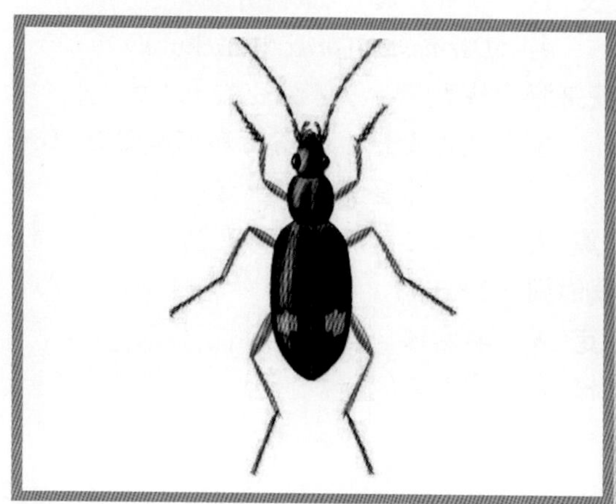

中文名 黄斑青步甲
学　名 *Chlaenius micars* (Fabricios)
截获来源 日本
寄　主 捕食性天敌
采集人 梁影
截获时间 2006.08
鉴定人 魏春艳
复核人 刘金华

形态特征：体长 13.5 ~ 16.5mm，体宽 5.5 ~ 6.5mm。背面深绿色，头、前胸背板及小盾片具红铜金属光泽，鞘翅后部有一黄斑，占据 6 个行距。头部较长，眼突出，眉毛 1 根，刻点较密，仅唇基的稀疏；额沟较深，额唇基沟略向后弯；唇基前缘平直，每侧有一毛。上唇横方，端部略宽，前角近圆形，前缘毛 6 根，上颚宽扁，端部钩状，较锐，口须细长，端部平截，下唇颏齿突出。触角细长，可达到翅基约 1/3 处，第 1 ~ 3 节光洁，余节被毛，第 1 节最粗，长度与第 11 节近等，为第 2 节的 2 倍，第 3 节最长，大于第 1 节，较第 4 ~ 7 各节稍短，第 8 ~ 10 节较第 7 节稍短。前胸背板较平坦，前缘微凹，后缘较平，侧缘弧形，中部最宽，近基部有 1 毛；盘区较平坦，基沟深且长，刻点密布；小盾片三角形，中央微凹。鞘翅条沟深，行距平坦，刻点密；缘折基部有细刻点，端部具鞘褶。足细长，被毛，雄虫前足跗节基部 3 节扩大，呈方形，腹面毛密。

分布：内蒙古、辽宁、宁夏、青海、河北、陕西、山东、江苏、安徽、湖北、江西、湖南、福建、中国台湾、广西、四川、贵州、云南；朝鲜、日本、印度、斯里兰卡、东南亚。

8.2 谷婪步甲

中文名 谷婪步甲
学　名 *Harpalus calceatus* (Duftschmid)
截获来源 德国
寄　主 玉米、高粱、粟、黍、花生等
采集人 丁宁
截获时间 2014.05
鉴定人 魏春艳
复核人 刘丽玲

形态特征：体长 10.5 ~ 14.5mm，体宽 4.5 ~ 5.7mm。背面黑色，口器棕褐或棕红，触角、足及腹面棕黄至棕红。头部光洁无刻点，眼略突出，眉毛 1 根，额唇基沟细，额沟清晰。上唇近方形，宽长之比 3 ∶ 2，前角宽圆，上颚镰状，下唇颏中齿较小，唇须亚端节里缘毛较多。触角长度达及前胸背板基缘，第 1 ~ 2 节光洁，第 1 节较粗，长度为第 2 节的 2 倍，第 3 节较第 4 ~ 10 各节稍长，与第 11 节近等。前胸背板近方形，宽长之比约 7 ∶ 5，前后缘较平，侧缘稍膨出，中前部有一毛；前后横沟很浅，中纵沟深，基凹浅，基部刻点密集，基缘平直，后角钝角。小盾片三角形。鞘翅基部较前胸稍宽，两侧近于平行，基沟较平直，端角齿钝不显，条沟深，沟底无刻点，行距稍隆，第 7 行距末端有 2 毛穴，第 8、第 9 行距上有微浅刻点。足跗节背面有毛，负爪节腹面具两列粗刺，前胫节外端刺有 5 个。

分布：黑龙江、辽宁、吉林、内蒙古、甘肃、陕西、新疆、江西、福建；欧洲中部，南部经西亚、印度至东亚和俄罗斯（西伯利亚）。

8.3 直角婪步甲

中文名 直角婪步甲
学　名 *Harpalus corporosus* (Motschulsky)
截获来源 日本
采集人 李伟、郭建波
截获时间 2009.08
鉴定人 魏春艳
复核人 刘金华

形态特征：体长 11 ~ 15.5mm，体宽 4.5 ~ 6.0mm。背腹面黑色。头宽阔，面平坦，光洁无刻点，眼小，眉毛 1 根，额唇基沟及额沟深，唇基每侧具一毛。上唇基部较宽，前侧角宽圆，前缘中央微凹，有 6 根毛，上颚沟较深，下唇颏齿端锐，唇须较长，亚端节里缘毛超过 3 根。触角较短，不达前胸背板后缘，自第 3 节以后有毛被，第 1 节最长较粗，第 2 节较第 3 ~ 10 各节为短，末节较第 10 节稍长。前胸背板宽不及长的 2 倍，前缘微凹，前角宽圆，基缘较平，后角稍大于直角，角端不锐，侧缘在前端稍狭，中部之前有一毛；中纵线浅，基沟明显，盘区大部光洁，仅基沟处有刻点。小盾片三角形。鞘翅条沟深，行距平坦，仅在端部隆起，第 3 行距无毛穴。足粗壮，后腿节前后均被横列毛，前胫节外端角向外伸，有前胫端刺 7 ~ 8 个；第 1 ~ 4 腹节两侧有横列毛。

分布：内蒙古。

8.4 斑步甲

中文名 斑步甲
学　名 *Anisodactylus signatus* (Panzer)
截获来源 德国
采集人 郭建波
截获时间 2008.09
鉴定人 魏春艳
复核人 刘金华

形态特征：体长 11.5 ~ 13.0mm，体宽 4.5 ~ 5.5mm。头顶在复眼间有 1 对并列红斑。前胸背板方形，宽大于长，前缘微凹，基缘较平，侧缘稍膨。鞘翅行纹深，行纹内无刻点，行间较平坦，第 7 行纹末有 3 个毛穴。

分布：黑龙江、吉林、内蒙古、河北、江苏、江西；欧洲、俄罗斯的高加索至西伯利亚。

（九）锯谷盗科 Silvanidae

9.1 米扁虫

中文名　米扁虫
学　名　*Ahasverus advena* (Waltl)
截获来源　日本、德国
寄　主　取食潮湿发霉的谷物、油料和其他储藏品
采集人　李伟、曾凡宇
截获时间　2008.09、2009.08、2010.09、2011.08、2012.08、2013.06
鉴定人　魏春艳
复核人　刘丽玲

形态特征：体长 1.5 ~ 3mm。长卵圆形，黄褐色或偶尔黑褐色，背面着生黄褐色毛。头略呈三角形，前窄后宽，缩入前胸至眼部；触角棒 3 节，第 1 棒节显著窄于第 2 节，末节呈梨形。前胸背板横宽，前缘比后缘宽，前角呈大而钝圆的瘤突状，侧缘在前角之后着生多数微齿。

分布：世界性分布。

9.2 锯谷盗

中文名　锯谷盗
学　名　*Oryzaephilus surinamensis* (L.)
截获来源　日本
寄　主　几乎所有的植物性储藏品
采集人　曾凡宇
截获时间　2009.08
鉴定人　魏春艳
复核人　刘丽玲

形态特征：体长 2.5 ~ 3.5mm，宽 0.5 ~ 0.7mm。体扁平细长，暗赤褐色至黑色，无光泽。复眼小，圆而凸；后颊端部钝，其长度约为复眼长的 1/2 ~ 2/3。前胸背板长略大于宽，上面有 3 条纵脊，其中两侧的脊明显弯向外方，不与中央脊平行。鞘翅长，两侧略平行，每鞘翅有 4 条纵脊及 10 行刻点。

分布：几乎世界性分布。

9.3 单齿锯谷盗

中 文 名　单齿锯谷盗
学　　名　*Silvanus unidentatus* (Olivier)
截获来源　德国
寄　　主　生活于多种落叶树的树皮下，偶尔进入仓内
采 集 人　曾凡宇
截获时间　2010.09
鉴 定 人　魏春艳
复 核 人　刘丽玲

形态特征：体长 2.1 ~ 2.9mm。复眼较小，两复眼在头部背面的距离约为复眼长的 4 倍；后颊长约等于 1 ~ 2 个小眼面。

分布：中国东北；朝鲜、欧洲、地中海、俄罗斯、美国、安哥拉、智利。

9.4 双齿锯谷盗

中 文 名　双齿锯谷盗
学　　名　*Silvanus bidentatus* (Fabricius)
截获来源　日本
寄　　主　对储藏物不造成明显危害。发现于储藏的谷物及玉米内，在自然界多栖息于树皮下
采 集 人　曾凡宇
截获时间　2013.09
鉴 定 人　魏春艳
复 核 人　刘丽玲

形态特征：体长 2.5 ~ 3.5mm，长而扁，体色呈浅黄褐色，无光泽。头部横越两复眼的宽度小于前胸背板横越两前角的宽度（10 ∶ 11.2 ~ 10 ∶ 11.4）；密布有粗大的刻点及具毛小刻点；复眼中等大小，长为宽的 2 ~ 2.5 倍，两复眼在头腹面之距大于复眼长的 2 倍，复眼后的颞颥小，长约等于或小于 2 个小眼面。跗节 5 节，第 1 节长于第 2 节，第 3 节正常，不扩展呈叶状。前胸背板长形，长大于其除前角之外的最大宽度（12.9 ∶ 10 ~ 13.3 ∶ 10），前角较短，末端尖且明显指向侧方，向前一般不超越前胸背板前缘，侧缘有多个微齿（1 ~ 16 个），在前角之后略显波状，在后角前波状不明显，中区具深的侧纵凹陷。鞘翅两侧近平行，翅长为两翅合宽的 2.1 ~ 2.2 倍，肩宽明显大于前胸背板后缘之宽。雄虫后足转节具有一小刺，雌虫则无。

分布：黑龙江、内蒙古；日本、印度、泰国、欧洲、美国、加拿大。

9.5 三星锯谷盗

中文名 三星锯谷盗
学　名 *Psammoecus triguttatus* Reitter
截获来源 韩国
采集人 梁振宇、韩冬
截获时间 2014.08
鉴定人 魏春艳
复核人 刘丽玲

形态特征：体长 2.5 ~ 3mm。长椭圆形，背面颇扁平。全身被淡褐色毛，表皮黄褐色，触角基部 4 节及末节黄色，第 5 ~ 7 节色暗，第 8 ~ 10 节黑色。前胸背板每侧有多数小齿，由每一齿上发出 1 根刚毛。每鞘翅中部稍后有 1 黑斑，鞘翅后半部的翅缝处有 1 条黑纵纹。

分布：福建、黑龙江、湖南、浙江、四川；几乎世界各地都有分布。

9.6 姬扁虫

中文名 姬扁虫
学　名 *Uleiota planata* (L.)
截获来源 法国
寄　主 生活在枯木树皮下，成虫可越冬
采集人 李长志、张宏业
截获时间 2005.04
鉴定人 温有学
复核人 魏春艳

形态特征：体长约 5.5mm，明显扁平，暗褐色无光泽。足、触角和口器均呈褐色，有时鞘翅具不明显的黄褐色纹。头部具不明显的皱状点刻，复眼之间具两条较为不明显的纵沟。触角较长，近达翅末端，第 1 节最长，大于 2、3、4 节的长度之和。前胸背板前缘最宽，后部稍窄，外部边缘具不规则的锯齿，前面边缘有锋利的齿状突起；背面具较为隐密的颗粒状突起和中央具 4 个不明显的纵向凹陷。小盾片横向。每鞘翅由 6 条黄褐色短毛构成的纵隆线组成，第 5 条较显著，其他较弱。纵隆线间为颗粒状或皱状，外部边缘稍呈圆形，有细的断层并长有细毛。

分布：日本的北海道、四国、本州、旧北州有报道。

9.7 尖胸锯谷盗

中文名 尖胸锯谷盗
学　名 *Silvanoprus scuticollis* (Walker)
截获来源 德国
寄　主 该种多发现于腐烂的落叶层和腐殖质内，在脱落的油棕榈坚果、花生、香蕉、大米、豆类以及食品库内也曾发现
采集人 丁宁
截获时间 2014.05
鉴定人 魏春艳
复核人 刘丽玲

形态特征：体长 2 ~ 2.6mm。背面单一黄褐色至赤褐色。复眼大而凸；后颊十分狭窄，端部尖细后弯。前胸背板倒梯形，两侧向基部方向显著收狭；前侧角十分发达，齿尖指向前方，向前伸越后颊；两前侧角间的宽度构成前胸背板的最大宽度，约为前胸背板后缘宽的 1.5 倍。

分布：四川、湖南、云南、中国台湾；非洲、亚洲、美洲。

（十）扁甲科 Cucujidae

10.1 黑胸树皮扁虫

中文名 黑胸树皮扁虫
学　名 *Pediacus japonicus* Reitter
截获来源 法国
寄　主 生活在枯木和朽木上
采集人 李长志、张宏业
截获时间 2005.04
鉴定人 温有学
复核人 魏春艳

形态特征：体长约 4mm，体茶褐色，长有稀疏灰褐色细毛，头部及前胸背板暗色，头部较前胸背板窄。复眼后部不突出，密布细小的点，上颚向前突出。触角粗短，不及前胸背板的后部边缘，第 7 节宽于第 6 节和第 8 节，末 3 节粗短，呈棍棒状。前胸背板后部 1/3 处最宽，从此处开始急剧变窄，边缘呈 2 次波浪形，前缘具有棱角，背面密布刻点，中央具 2 条纵向凹沟。小盾片横向。鞘翅比前胸背板宽，两侧几乎平行，其上分布细小的刻点，从肩部后面沿着外缘有明显的纵向隆起，内侧有纵向沟的痕迹。

分布：日本的本州和九州有报道。

（十一）阎虫科 Histeridae

11.1 十二纹清亮阎虫

中 文 名 十二纹清亮阎虫
学　　名 *Atholus duodecimstriatus* (Schrank)
截获来源 法国
寄　　主 生活于腐败的动植物性物质及蛀木昆虫的隧道中，捕食其他小型昆虫
采 集 人 张显兴、胡长生
截获时间 2005.04
鉴 定 人 温有学
复 核 人 魏春艳

形态特征：体长 3 ~ 4.2mm。卵圆形，黑色，有光泽。前胸背板侧线向后几乎伸达基缘。鞘翅第 1 ~ 4 背线完整，第 5 背线与傍缝线通常完整，后二者在前方相连。

分布：黑龙江、吉林、内蒙古、新疆；挪威、芬兰、瑞典、俄罗斯、蒙古、日本、伊朗、阿富汗、北非。

（十二）大蕈甲科 Erotylidae

12.1 *Dacne notata* Gmel.

中 文 名 /
学　　名 *Dacne notata* Gmel.
截获来源 韩国
寄　　主 成、幼虫均菌食性，常见于蕈体、土壤及植物组织中
采 集 人 梁振宇
截获时间 2014.12
鉴 定 人 魏春艳
复 核 人 刘丽玲

形态特征：体长 3 ~ 25mm；身体长形；头部显著，复眼发达；触角 11 节，端部 3 节膨大成棒状；额区与唇基合并；上唇窄长；前胸背板长宽近似相等，盘区隆突；鞘翅达及腹端，翅面多具刻点纵行。前胸腹板突把前足基节明显分开，前足基节窝关闭；中足基节窝外侧封闭，基节相距较远；后足基节远离，外侧不达鞘翅边缘；跗节 5-5-5，第 4 节较小；腹部可见 5 节。

分布：世界性分布。

（十三）豆象科 Bruchidae

13.1 菜豆象

中 文 名　菜豆象
学　　名　*Acanthoscelides obtectus* (Say)
截获来源　朝鲜
寄　　主　危害菜豆、兵豆、鹰嘴豆、蚕豆、豌豆等
采 集 人　张立健、陈磊
截获时间　2006.03、2007.01、2009.02
鉴 定 人　张继发
复 核 人　金文权

形态特征：体长 2 ~ 4.5mm。头、前胸背板及鞘翅表皮黑色，仅翅端红褐色。触角第 1 ~ 4 节（有时也包括第 5 节基半部）及末节红褐色，其余节黑色。鞘翅被黄褐色毛，在翅的近基部、近中部及近端部散布褐色毛斑。后足腿节腹面近端部有 1 大齿，后跟 2 个（偶尔 3 个）小齿，大齿长约为后足胫节基部宽的 1.2 倍。臀板被淡色毛，无深色毛斑。

分布：吉林；几乎世界性分布。

13.2 绿豆象

中 文 名　绿豆象
学　　名　*Callosobruchus chinensis* (L.)
截获来源　朝鲜、韩国
寄　　主　危害绿豆、赤豆、豇豆、鹰嘴豆、兵豆等
采 集 人　关铁峰、梁振宇
截获时间　2012.11、2013.07
鉴 定 人　魏春艳
复 核 人　刘丽玲

形态特征：体长 2 ~ 3.5mm。近卵形。雄虫触角栉齿状，雌虫锯齿状。前胸背板后缘中央有 2 个明显的瘤突，每瘤突上有 1 椭圆形白毛斑，2 个白毛斑多数情况下不融合。腹部第 3 ~ 5 腹板两侧有浓密的白毛斑。后足腿节腹面的内缘齿钝而直，齿的两侧缘近平行，端部不向后弯曲。

分布：世界性分布。

13.3 四纹豆象

中文名 四纹豆象
学 名 *Callosobruchus maculatus* (Fabricius)
截获来源 朝鲜
寄 主 危害菜豆、豇豆、兵豆、大豆、木豆、豌豆等
采集人 戴常金
截获时间 2013.08、2015.10
鉴定人 戴常金
复核人 李建国

形态特征：体长2.5～3.5mm。每鞘翅有3个黑斑，肩部的黑斑小，中部及端部的黑斑大，两鞘翅的淡色区多构成“X”形图案。由于不同性别和不同的“型”，鞘翅斑纹在个体间变异较大。

分布：我国南方大部分省（区）；世界热带及亚热带区。

13.4 蚕豆象

中文名 蚕豆象
学 名 *Bruchus rufimanus* Boheman
截获来源 法国
寄 主 危害蚕豆等
采集人 梁春
截获时间 2005.04
鉴定人 温有学
复核人 魏春艳

形态特征：体长4～4.5mm。表皮黑色，仅触角基部4～5节及前足淡黄褐色。前胸背板侧齿位于侧缘中央，短而钝，齿尖水平外指向。淡色毛在鞘翅端半部形成不明显的弧形横带。臀板上的暗色斑不明显。

分布：国内大部分省（区）；中欧和南欧、地中海区、俄罗斯、土耳其、日本、北非、古巴、美国。

13.5 巴西豆象

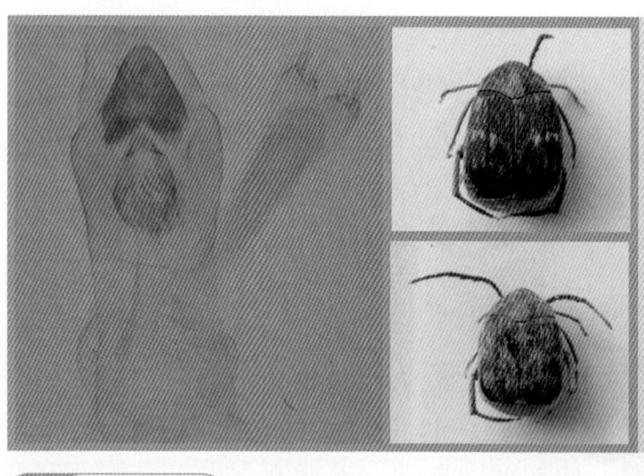

中 文 名　巴西豆象
学　　名　*Zebrotes subfasciatus* (Boheman)
截获来源　印度
寄　　主　危害菜豆和豇豆等
采 集 人　梁振宇、韩冬
截获时间　2014.09
鉴 定 人　魏春艳
复 核 人　张生芳

形态特征：体长 2.0 ~ 3.6mm。卵圆形，表皮黑色，仅触角基部两节、前足及中足胫节端和后足胫节端距红褐色。触角弱锯齿状，触角节细长。前胸背板近半圆形，宽约为长的 1.5 倍。雄虫前胸背板着生黄褐色毛，后缘中央有一淡黄色毛斑；雌虫前胸背板散布白毛斑，并显示白色中纵纹。鞘翅长约等于两翅合宽；第 10 行纹向后伸达翅中部；雌虫鞘翅中部有 1 条白色宽横毛带。后足胫节端有 2 根等长的红褐色距。雄性外生殖器两阳基侧突大部愈合，仅端部分离。呈双叶状；外阳茎腹瓣卵圆形；内阳茎有一个倒"U"形大骨片。

分布：云南；美洲（从美国到智利，各国均有分布）、越南、印度、缅甸、印度尼西亚、几内亚、尼日利亚、前扎伊尔、布隆迪、肯尼亚、埃塞俄比亚、坦桑尼亚、安哥拉、莫桑比克、马达加斯加、乌干达、波兰、匈牙利、德国、奥地利、英国、法国、意大利、葡萄牙。

（十四）窃蠹科 Anobiidae

14.1 松窃蠹

中 文 名　松窃蠹
学　　名　*Ernobius mollis* (L.)
截获来源　美国
寄　　主　针叶树。该虫危害针叶树材、家具及室内木质结构
采 集 人　李伟
截获时间　2005.09
鉴 定 人　魏春艳
复 核 人　刘金华

形态特征：体长 3.5 ~ 6.5mm。红褐色。触角黄褐色，第 6 ~ 8 节较粗，每节长不大于宽的 1.5 倍，上述 3 节长之和大于第 9 节，等于第 3 ~ 5 节长之和。前胸背板约与鞘翅等宽；前角明显，后角几乎与肩角相接；基部无横凹陷，后缘稍后突；中区布小刻点。鞘翅长为宽的 2 ~ 2.1 倍。前足胫节直，仅端部明显弯向外方；后足第 4 跗节背面有凹刻，且延伸至该节中部。

分布：几乎遍布世界各地区。

14.2 烟草甲

中文名 烟草甲
学 名 *Lasioderma serricorne* (Fabricius)
截获来源 朝鲜
寄 主 危害烟草及其加工品、可可、豆类、谷物、面粉、食品、中药材、干果、丝织品、动物性储藏品、动植物标本及图书档案等
采集人 李龙根
截获时间 2013.07
鉴定人 刘丽玲
复核人 魏春艳

形态特征：体长 2 ~ 3mm。卵圆形，红褐色，密被倒伏状淡色茸毛。触角淡黄色，短，第 4 ~ 10 节锯齿状。前胸背板半圆形，后缘与鞘翅等宽。鞘翅上散布小刻点，刻点不成行。

分布：国内绝大多数省（区）；世界性分布。

14.3 药材甲

中文名 药材甲
学 名 *Stegobium paniceum* (L.)
截获来源 韩国
寄 主 危害谷物、食品、中药材、图书档案
采集人 李晓娜
截获时间 2014.07
鉴定人 刘丽玲
复核人 魏春艳

形态特征：体长 1.7 ~ 3.4mm。长椭圆形，黄褐色至深栗色，密生倒伏状毛和稀疏的直立状毛。触角 11 节，末 3 节扁平膨大形成触角棒，3 个棒节长之和等于其余 8 节的总长。前胸背板隆起，正面观近三角形，与鞘翅等宽，最宽处位于基部。鞘翅肩胛突出，有明显的刻点行。

分布：国内绝大多数省（区）；世界性分布。

（十五）粉蠹科 Lyctidae

15.1 褐粉蠹

中文名　褐粉蠹
学　　名　*Lyctus brunneus* (Stephens)
截获来源　法国
寄　　主　危害干燥的木材、家具、竹器及中药材
采集人　温有学、梁春
截获时间　2005.04
鉴定人　魏春艳
复核人　温有学

形态特征：体长 2.2 ~ 5mm。黄褐色、赤褐色至暗褐色。前胸背板宽大于长，前端与鞘翅基部几乎等宽，前侧角圆而明显，中区有 1 宽浅“Y”形凹陷。鞘翅长为宽的 2.3 倍。

分布：国内大部分省（区）；世界温带及热带区。

15.2 鳞毛粉蠹

中文名　鳞毛粉蠹
学　　名　*Minthea rugicollis* (Walker)
截获来源　印度尼西亚
寄　　主　危害芳香植物木材、精制木料、中药材
采集人　李其威、黄战生
截获时间　2014.07
鉴定人　魏春艳
复核人　刘丽玲

形态特征：体长 2 ~ 3.5mm。赤褐色至暗褐色，背面着生直立的端部膨扩的鳞片状毛。触角 11 节，触角棒 2 节，第 10 节长宽略等，索节上着生鳞片状毛。前胸背板近方形，中央有 1 长卵圆形凹窝。鞘翅略宽于前胸，两侧平行，每鞘翅上有鳞片状毛 6 纵列。

分布：我国南方大部分省（区）；日本、非洲西海岸、印度、马来西亚、斯里兰卡、巴基斯坦、夏威夷。

（十六）扁谷盗科 Laemophloeidae

16.1 长角扁谷盗

中 文 名 长角扁谷盗
学　　名 *Cryptolestes pusillus* (Schönherr)
截获来源 朝鲜
寄　　主 危害破损的谷物、油料、豆类、干果等
采 集 人 温有学
截获时间 2004.06
鉴 定 人 温有学
复 核 人 魏春艳

形态特征：体长 1.3 ~ 2mm。淡红褐色至淡黄褐色。雄虫触角稍明显长于体长之半，第 5 ~ 11 触角节比雌虫的长；雌虫触角等于或稍长于体长之半。前胸背板明显横宽，两侧向基部方向稍狭缩。鞘翅短，其长最多为两翅合宽的 1.75 倍；第 1、第 2 行间各具 4 纵列刚毛。

分布：世界性分布。

16.2 锈赤扁谷盗

中 文 名 锈赤扁谷盗
学　　名 *Cryptolestes ferrugineus* (Stephens)
截获来源 日本
寄　　主 危害破损的谷物、油料、豆类、干果等
采 集 人 李伟
截获时间 2006.08
鉴 定 人 魏春艳
复 核 人 刘金华

形态特征：体长 1.7 ~ 2.4mm。红褐色，有光泽。头部后方无横沟；雄虫触角长约等于体长之半，雌虫触角略短；雄虫上颚近基部有 1 外缘齿。前胸背板两侧向基部方向较显著狭缩。鞘翅长为两翅合宽的 1.6 ~ 1.9 倍；第 1、第 2 行间各有 4 纵列刚毛。

分布：国内各省（区）；广布于世界温带和热带区。

（十七）薪甲科 Lathridiidae

17.1 缩颈薪甲

中文名 缩颈薪甲
学名 *Cartodere constricta* (Gyllenhal)
截获来源 法国
寄主 取食霉菌，对储藏物没有直接危害
采集人 董玉辉
截获时间 2005.04
鉴定人 魏春艳
复核人 温有学

形态特征：体长 1.2 ~ 1.7mm。细长，黄褐色至暗红褐色，体表近光滑。触角 11 节，触角棒 2 节。前胸背板端部 1/5~1/4 处最宽，两侧在基部 1/3 处显著内缢。

分布：世界性分布。

17.2 瘤鞘薪甲

中文名 瘤鞘薪甲
学名 *Aridius nodifer* (Westwood)
截获来源 法国
寄主 多发生于霉变的植物性物质中
采集人 梁春、张少杰
截获时间 2005.04
鉴定人 魏春艳
复核人 温有学

形态特征：体长 1.5 ~ 2.1mm。有光泽，淡棕黄褐色至黑色或暗黑褐色，触角及足赤褐色。前胸背板两侧在基部 1/3 处宽深缢缩。鞘翅长为前胸背板的 3 倍；基部 1/3 有 1 大浅横陷，伸达第 5 行间；第 3 行间基部 1/4 隆线状，端部 1/3 有 1 长椭圆形瘤突。

分布：世界性分布。

17.3 椭圆薪甲

中文名 椭圆薪甲
学　名 *Holoparamecus ellipticus* Wollaston
截获来源 韩国
寄　主 生活于腐木中、树皮下、在粮仓及面粉厂的粮堆底层和下脚料中、中药材、土特产品及酿造厂中
采集人 曾凡宇
截获时间 2009.08
鉴定人 魏春艳
复核人 王金丽

形态特征：体长 1 ~ 1.2mm。外形与扁薪甲相似。不同于扁薪甲在于：椭圆薪甲身体背方较凸；前胸背板中区中央无凹窝。

分布：国内大部分省（区）；日本。

17.4 东方薪甲

中文名 东方薪甲
学　名 *Migneauxia orientalis* Reitter
截获来源 韩国
寄　主 生活于粮仓、药材库、粮食加工厂及土产品库内
采集人 曾凡宇
截获时间 2009.08
鉴定人 魏春艳
复核人 王金丽

形态特征：体长 1.2 ~ 1.5mm。表皮黄色至淡褐色，密被短毛。触角 10 节，触角棒显著膨大，由 3 节组成。前胸背板横宽，近圆形，侧缘圆弧形外弓，在侧缘中后部有明显的齿突，由每齿上发出 1 根刚毛。

分布：国内大部分省（区）；欧洲、印度、日本、南美。

17.5 脊鞘薪甲

中 文 名　脊鞘薪甲
学　　名　*Dienerella costulata* (Reitter)
截获来源　韩国、日本
寄　　主　生活于地下室、粮仓、中药材库等较潮湿的角落，取食霉菌
采 集 人　曾凡宇
截获时间　2009.08、2010.02
鉴 定 人　魏春艳
复 核 人　王金丽

形态特征：体长 1 ~ 1.5mm。两侧近平行，背面光洁有光泽，黄褐色至暗红褐色。复眼极小，约由 4 个小眼组成。触角 11 节，触角棒 3 节，第 3 ~ 8 触角节长大于宽，第 9、第 10 节横宽。鞘翅第 3、5、7 行间呈脊状隆起，每鞘翅有刻点 8 列。

分布：内蒙古、河北、甘肃、四川；欧洲、日本、北美。

17.6 柔毛薪甲

中 文 名　柔毛薪甲
学　　名　*Corticaria pubescens* (Gyllenhal)
截获来源　德国
寄　　主　广泛发生于草堆中及腐败的海藻、苔藓等植物性物质上，也发现于粮仓、鸟巢、居室内和储藏的烟叶和可可中
采 集 人　郭建波、曾凡宇
截获时间　2010.08、2012.06
鉴 定 人　魏春艳
复 核 人　刘金华

形态特征：体长 2.3 ~ 3mm，长卵形，显著隆起，暗赤褐色，有光泽。前胸背板宽大于长，侧缘有不规则的锯齿，近基部的锯齿较粗。鞘翅约比前胸背板长 3 倍，中部比前胸背板宽，有明显的刻点行，刻点行内刻点中的毛短而近倒伏状。触角 11 节，棒 3 节，端节呈球状，第 9、10 两节长远大于宽。雄虫前、中足胫节近端部内侧各有一短小齿突，雌虫的前、中足胫节近端部内侧无齿突。

分布：云南、四川；几乎世界性分布。

17.7 黑斑薪甲

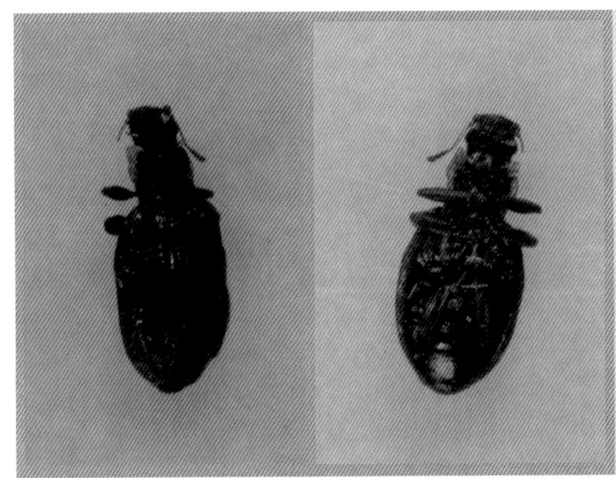

中 文 名 黑斑薪甲
学 名 *Aridius bifasciatus* Reitter
截获来源 法国
寄 主 发生在储藏的烟叶中
采 集 人 张显兴
截获时间 2005.04
鉴 定 人 魏春艳
复 核 人 温有学

形态特征：体长约 2mm，长形，两侧近平行，背面较光滑，略有光泽，棕黄褐色。头部及前胸背板赤褐色，触角及足色淡，触角棒 3 节，额上有两条明显纵皱。每鞘翅基部 1/3 与端半部各有一不正形大黑斑，大黑斑有时分裂成 2 ~ 3 个小斑。前胸背板长宽近等，中纵隆线不显著，端半部在中纵隆线之间有一卵形深凹刻。鞘翅较前胸背板宽，间室略隆起，刻点列大而密。

分布：黑龙江等地；澳大利亚。

17.8 湿薪甲

中 文 名 湿薪甲
学 名 *Lathridius minutus* (L.)
截获来源 法国
寄 主 生活于居室、地下室、厨房、谷仓、药材库及草垛、粪堆和蜂巢、蚁巢、鸟巢内，也常出现于潮湿的纸张、木头和霉粮中
采 集 人 胡长生、丁毅弘
截获时间 2005.04
鉴 定 人 魏春艳
复 核 人 温有学

形态特征：体长 1.2 ~ 2.4mm。卵形，淡赤褐色至黑色。背面隆起，光洁或略有微毛。前胸背板端部 1/7 ~ 1/6 处最宽，宽大于长，两侧缘上翘，前角呈叶状。鞘翅长大于前胸背板长的 3 倍，每鞘翅有刻点 8 列。

分布：世界性分布。

（十八）拟步甲科 Tenebrionidae

18.1 赤拟谷盗

中文名	赤拟谷盗
学名	*Tribolium castaneum* (Herbst)
截获来源	朝鲜、德国
寄主	危害谷物、油料、动物性产品及加工品、中药材等
采集人	惠民杰、赵冬雪
截获时间	2009.08、2014.12
鉴定人	惠民杰、魏春艳
复核人	刘丽玲

形态特征：体长 2.3 ~ 4mm，宽 1 ~ 1.6mm。长椭圆形，背面扁平，黄色至赤褐色，有光泽。复眼大，由腹面观，两复眼间距等于或稍大于复眼横径。触角 11 节，末 3 节形成触角棒。

分布：世界性分布。

18.2 黄粉虫

中文名	黄粉虫
学名	*Tenebrio molitor* L.
截获来源	朝鲜
寄主	取食陈腐谷物及谷物加工品，如面粉、麦麸等
采集人	惠民杰
截获时间	2008.09
鉴定人	惠民杰
复核人	李建国

形态特征：体长 14 ~ 18mm。褐色至暗褐色，有脂肪样光泽。触角第 3 节短于第 1、第 2 节之和，末节长宽相等。前胸背板宽略大于长，上面的刻点较密。鞘翅刻点密，刻点行间没有大而扁的颗瘤，翅端较圆滑。

分布：世界性分布。

（十九）小蕈甲科 Mycetophagidae

19.1 小蕈甲

中 文 名 小蕈甲
学　　名 *Typhaea stercorea* (L.)
截获来源 德国
寄　　主 取食霉菌及含水量高的谷物、干果及豆类等
采 集 人 郭建波
截获时间 2007.07
鉴 定 人 魏春艳
复 核 人 刘金华

形态特征：体长 2.2 ~ 3.2mm。椭圆形，两侧近平行，淡褐色、黄褐色至栗褐色。触角 11 节，触角棒 3 节。前胸背板横宽，最宽处位于基部 1/3 处。鞘翅长大于前胸背板长的 3 倍，每行间中央有 1 列近直立的粗长刚毛，行纹内及行间着生细短倒伏状毛。

分布：世界性分布。

19.2 二色小蕈甲

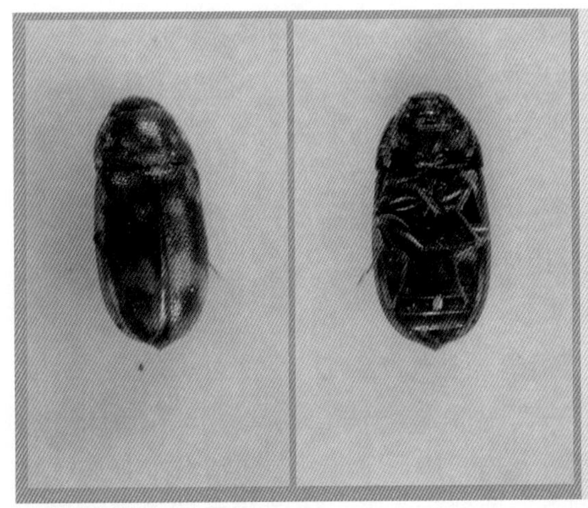

中 文 名 二色小蕈甲
学　　名 *Litargus balteatus* LeConte
截获来源 德国
寄　　主 发生于粮库、粮食加工厂、仓储物及居室内，也发现于真菌内
采 集 人 李伟
截获时间 2009.06
鉴 定 人 郭建波
复 核 人 魏春艳

形态特征：体长 1.7 ~ 1.9mm。椭圆形，表皮红褐色至近黑色，每鞘翅基部 1/3 有 1 斜形斑，在中央之后有 1 横形斑。触角 11 节，触角棒 3 节，末节长为第 9、10 节的总长或为第 10 节长的 2 倍，末节端部弓突。前胸背板两侧均匀弧形，最宽处位于基部或近基部，近后缘在小盾片两侧各有 1 不太明显的凹窝。鞘翅长大于前胸背板的 3 倍，刻点不成行；被不等长的黄色毛。长毛的长度为短毛的 2 倍。

分布：世界性分布。

（二十）拟叩甲科 Languriidae

20.1 褐蕈甲

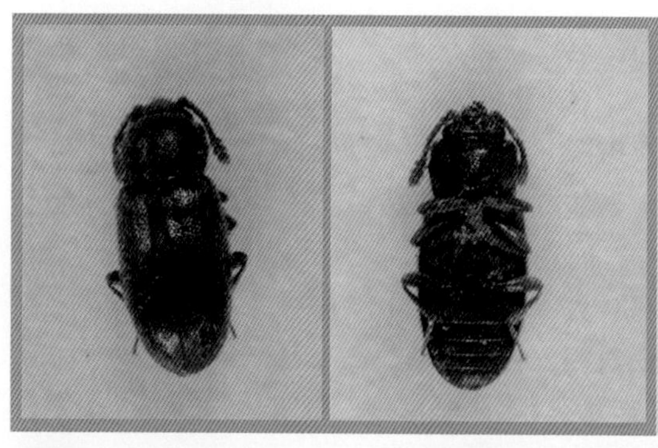

中文名 褐蕈甲
学名 *Cryptophilus integer* (Heer)
截获来源 德国、日本、韩国
寄主 取食真菌和霉菌
采集人 郭建波、曾凡宇
截获时间 2007.07、2008.08、2008.09
鉴定人 魏春艳
复核人 刘全华

形态特征：体长 2 ~ 2.3mm。椭圆形，两侧近平行。暗褐色，有光泽。触角第 2、第 3 节等长，末 3 节形成松散的触角棒，3 个棒节几乎等长。前胸背板宽大于长，最宽处位于中央稍前，两侧均匀弧形外弓，有缘边。鞘翅长为前胸背板的 3 倍。

分布：国内多数省（区）；欧洲、北美。

20.2 黑带蕈甲

中文名 黑带蕈甲
学名 *Cryptophilus obliteratus* Reitter
截获来源 德国。
寄主 取食真菌和霉菌，对储藏物不造成明显危害
采集人 曾凡宇
截获时间 2011.06
鉴定人 魏春艳
复核人 刘全华

形态特征：体长 2.3 ~ 2.9mm，长椭圆形，表面密被淡黄色毛，体黑褐色，稍有光泽。触角 1 节，末端 3 节疏松锤状，端节长宽约相等，第 9、10 节长约为宽的 2 倍。前胸背板宽大于长，宽长之比为 3:2，其背面密布粗大刻点，两侧近弧形，浅黄褐色的边缘明显，并各具 10 个左右的小刺。小盾片近长方形。鞘翅和前胸背板连结紧密，其长约为前胸背板长的 3 倍，为 2 鞘翅合宽的 1.6 倍；在近肩角及其末端处各有 2 个大黄斑：若将鞘翅取下，可见鞘翅中间 1/3 成一黑带，鞘翅前后各 l/3 为黄色带。附节 5-5-5，第 4 附节极小，但能自由活动；第 3 附节下呈叶托状，前足基节窝封闭。第 1 腹板中区两侧的细线向外、向后延伸至后缘。雄虫生殖器：阳茎中突拖得很长，约为侧叶长的 2 倍，侧叶呈筒状较直，端部生有 5、6 根细毛。

分布：内蒙古、浙江等省（区）；日本。

（二十一）隐食甲科 Cryptophagidae

21.1 四纹隐食甲

中文名	四纹隐食甲
学 名	*Cryptophagus quadrimaculatus* Reitter
截获来源	德国
寄 主	生活于霉变的动植物性产品内，但它们并不直接危害这些储藏品，只是取食这些储藏物上滋生出来的真菌菌丝和孢子
采集人	郭建波
截获时间	2006.07
鉴定人	魏春艳
复核人	郭建波

形态特征：体长 1.9 ~ 2.5mm。淡褐色、暗褐色至黑色，每鞘翅有时有 2 个淡色斑，1 个位于肩部，另 1 个位于近端部（在淡色个体，鞘翅上的斑不明显）。前胸背板稍横宽，两侧向基部方向强烈缢缩；前角增厚部分不大，约为前胸背板侧缘长的 1/5；侧齿位于侧缘中央稍前，十分小或几乎缺如。

分布：内蒙古；欧洲、俄罗斯的高加索、中亚、蒙古。

（二十二）拟球甲科 Corylophidae

22.1 *Sericoderes lateralis* Gyllenhal

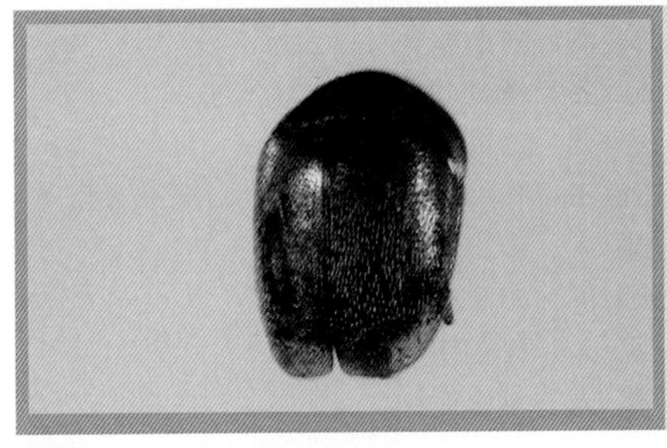

中文名	/
学 名	*Sericoderes lateralis* Gyllenhal
截获来源	德国
寄 主	主要生活在落叶下
采集人	郭建波
截获时间	2007.07、2010.08、2010.09
鉴定人	魏春艳
复核人	郭建波

形态特征：虫体微小，体长 0.1 ~ 1mm。暗黄褐色至赤褐色，短卵形，密被短毛。头小，背面不可见，被前胸背板所覆盖。前胸背板呈半圆形，长是宽的 2 倍以上。触角球杆状，呈黄色，10 节，第 1 节最大，第 2 节短小，第 3 ~ 7 节逐渐变小，第 8 ~ 10 节逐渐变大。鞘翅色暗，末端向外延伸。腹部可见腹节 6 节，足黄色，跗节 4 节。

分布：世界性分布。

（二十三）瓢虫科 Coccinellidae

23.1 二星瓢虫

中文名 二星瓢虫
学 名 *Adalia bipunctata* (L.)
截获来源 法国
寄主昆虫 桃粉蚜、棉蚜、麦二叉蚜等
采集人 张宏业
截获时间 2005.04
鉴定人 魏春艳
复核人 温有学

形态特征：体长 4.5 ~ 5.3mm；体宽 3.1 ~ 4.0mm。体周缘卵圆形，头部黑色，复眼内侧各有一个半圆形的黄白色斑，复眼黑色，触角黄褐色，唇基白色，上唇黑色。前胸背板黄白色而有一“M”形黑斑，有时黑色部分扩大而成一个大斑。小盾片黑色。鞘翅橘红至黄褐色，每一鞘翅中央各有一个黑色斑。鞘翅上的色斑变异甚大，向浅色型变异时鞘翅上的黑斑缩小以至消失，或在黑斑边缘有浅色的外环；向深色型变异时鞘翅基色为黑色，两鞘翅上共有 12 个浅色斑，或仅有 4 个、2 个浅色斑。腹面除腹部外缘黑褐色外，其余部分为黑色。足黑至黑褐色。触角约为额长的 1.5 倍。后基线伸达腹板的 3/4 处而弯向前外侧。爪的基部有一尖齿。

分布：北京、河北、浙江、山东、江苏、福建；亚洲、非洲、欧洲、南美洲。

23.2 异色瓢虫

中文名 异色瓢虫
学 名 *Harmonia axyridis* (Pallas)
截获来源 德国、匈牙利
寄主昆虫 棉蚜、豆蚜、高粱蚜、菜缢管蚜等
采集人 郭建波、曾凡宇
截获时间 2009.04、2012.04
鉴定人 魏春艳
复核人 刘丽玲

形态特征：

雌虫：体长 5.4 ~ 8mm；宽 3.8 ~ 5.2mm。体卵圆形，突肩形拱起，但外缘向外平展的部分较窄。体色和斑纹变异很大。头部橙黄色、橙红色或黑色。前胸背板浅色，有 1 个“M”形黑斑，向浅色型变异时该斑缩小，仅留下 4 或 2 个黑点；向深色型变异时该斑扩展相连以至前胸背板中部全为黑色，仅两侧浅色。小盾片橙黄色或黑色。鞘翅上各有 9 个黑斑，向浅

色型变异的个体鞘翅上的黑斑部分消失或全消失，以致鞘翅全部为橙黄色；向深色型变异时，斑点相互连成网形斑，或鞘翅基色黑而有 1、2、4、6 个浅色斑纹甚至全黑色。腹面色泽亦有变异，浅色型的中部黑色，外绿黄色；深色型的中部黑色，其余部分棕黄色。鞘翅末端 7/8 处有 1 个明显的横脊痕是该种的重要特征。第五腹板外突；第六腹板后缘弧形突出。

雄虫：第五腹板后缘弧形内凹；第六腹板后缘半圆形内凹。

分布：国内广泛分布。

23.3 七星瓢虫

中文名 七星瓢虫
学　名 *Coccinella septempunctata* L.
截获来源 德国
寄主昆虫 棉蚜、麦蚜、豆蚜、菜蚜、玉米蚜、高粱蚜
采集人 郭建波
截获时间 2006.08
鉴定人 魏春艳
复核人 刘金华

形态特征：成虫体长 5.2 ~ 6.5mm，宽 4 ~ 5.6mm。身体卵圆形，背部拱起，呈水瓢状。头黑色、复眼黑色，内侧凹入处各有 1 淡黄色点。触角褐色。口器黑色。上额外侧为黄色。前胸背板黑色，前上角各有 1 个较大的近方形的淡黄地。小盾片黑色。鞘翅红色或橙黄色，两侧共有 7 个黑斑；翅基部在小盾片两侧各有 1 个三角形白地。体腹及足黑色。

分布：国内广泛分布；国外包括蒙古、朝鲜、日本、俄罗斯、印度及欧洲地区等。

23.4 龟纹瓢虫

中文名 龟纹瓢虫
学　名 *Propylaea japonica* (Thunberg)
截获来源 德国
寄主昆虫 棉蚜、麦蚜、玉米蚜
采集人 郭建波
截获时间 2007.08
鉴定人 魏春艳
复核人 郭建波

形态特征：

雌虫：成虫体长 3.8 ~ 4.7mm，宽 2.9 ~ 3.2mm，长圆形，呈弧形拱起，表面光滑，无毛，黄至橙黄色，具龟纹状黑色斑纹。前额有 1 个三角形黑斑，有时黑斑扩大至整个头部。复眼椭圆形，黑色。口器、触角黄褐色，前胸背板黄色，中央有 1 个大型黑斑，其基部与背板后缘相连，有时黑斑扩展至全背板，仅留黄色前缘。前胸背板前缘内凹较浅，肩角成锐角，

基角成钝角。小盾片三角形，黑色。鞘缝黑色，在距鞘缝基部1/3、2/3及5/6处各有方形和齿形黑斑的外伸部分，鞘翅肩部具斜置的长形黑斑，中部有一斜置的方斑，方斑下端与距鞘缝2/3处伸出的黑色部分相连接。鞘翅上的黑斑常有变异，有的黑斑扩大相连，或黑斑缩小而成独立的斑点。胸、腹部全为黑色。

分布：湖北、湖南、河南、江西、安徽、山东、江苏、陕西、山西、河北、甘肃、上海、北京、四川、广西、辽宁。

（二十四）叩甲科 Elateridae

24.1 黑斑锥胸叩甲

中文名　黑斑锥胸叩甲
学　　名　*Ampedus sanguinolentus* (Schrank)
截获来源　朝鲜
寄　　主　在欧洲多发现于柳树林中
采集人　陈士钊
截获时间　2014.08
鉴定人　魏春艳
复核人　刘丽玲

形态特征：体长约11mm，宽约3.0mm。头、前胸背板、小盾片、身体腹面、触角和足均为黑色，光亮，被黑色短绒毛；鞘翅红色，但基缘黑色，沿中缝具1个长椭圆形大斑（雄虫无此大斑）。额前缘拱出呈弓形，刻点密。触角不长，不达前胸后角端部，末节中部缢缩成假节。前胸背板背面凸，侧缘外凸，后角向后伸，后有1个脊。小盾片舌状。每鞘翅具9条刻点沟列，沟间不凸，上有不匀的细刻点。

分布：辽宁、吉林、黑龙江、内蒙古；日本、俄罗斯（远东地区）、欧洲。

（二十五）负泥虫科 Crioceridae

25.1 黑角负泥虫

中文名　黑角负泥虫
学　　名　*Oulema melanopus* (L.)
截获来源　法国
寄　　主　谷物类和禾本科杂草
采集人　胡长生、梁春
截获时间　2005.04
鉴定人　魏春艳
复核人　温有学

形态特征：体长 4 ~ 5mm。雄较雌略为窄小。头部蓝黑色，触角黑色 11 节。前胸背板桔红色，前缘有一窄黑带。鞘翅有蓝黑色金属光泽，每侧刻点近足基节和转节黑色，腿节和胫节基绝大部分橙红色，胫端和跗节黑色。

分布：哈萨克斯坦、乌兹别克斯坦、土库曼斯坦、格鲁吉亚、阿塞拜疆、亚美尼亚、丹麦、挪威、瑞典、爱沙尼亚、拉脱维亚、立陶宛、俄罗斯、白俄罗斯、乌克兰、波兰、捷克、斯洛伐克、匈牙利、德国、奥地利、列支敦士登、瑞士、荷兰、比利时、卢森堡、英国、法国、摩纳哥、西班牙、葡萄牙、意大利、前南斯拉夫、罗马尼亚、保加利亚、阿尔巴尼亚、希腊、哈萨克斯坦、摩洛哥、加拿大（安大略）、美国。

（二十六）露尾甲科 Nitidulidae

26.1 隆胸露尾甲

中文名	隆胸露尾甲
学名	*Carpophilus obsoletus* Erichson
截获来源	德国
寄主	危害大米、小麦、花生、面粉及多种植物种子
采集人	郭建波
截获时间	2008.09
鉴定人	魏春艳
复核人	郭建波

形态特征：体长 2.3 ~ 4.5mm，宽 1 ~ 1.6mm。体长约为宽的 3 倍。表皮栗褐色至近黑色，有光泽，鞘翅肩部及前胸背板两侧有时色泽稍淡且带红色。触角第 2 节等于或稍长于第 3 节。中胸腹板有 1 条完整的中纵脊，两侧各有 1 条斜隆线。

分布：我国大部分省（区）；欧洲、亚洲、非洲。

26.2 暗色露尾甲

中文名	暗色露尾甲
学名	*Nitidula rufipes* (L.)
截获来源	加拿大
寄主	危害昆虫标本、骨骼、火腿等
采集人	弭娜
截获时间	2011.04
鉴定人	魏春艳
复核人	王金丽

形态特征：体长 2 ~ 4mm。黑色或赤褐色，触角基部数节及足稍淡，鞘翅无淡色斑纹。上唇前缘的缺切宽深凹弧形。前胸背板横宽，最宽处位于基部 1/3 或 2/5 处。鞘翅长不达前胸背板长的 2 倍。

分布：据 Whitney（1927）报道，该虫在中国出口到夏威夷的板栗和生姜中截获。欧洲、亚洲、北美。

26.3 隆肩露尾甲

中文名	隆肩露尾甲
学名	*Urophorus humeralis* (Fabricius)
截获来源	朝鲜
寄主	危害谷物、种子、腐败的果实和蔬菜等
采集人	温有学
截获时间	2003.08
鉴定人	魏春艳
复核人	张生芳

形态特征：体长 3 ~ 4.8mm，宽 1.8 ~ 2.3mm。暗栗褐色至黑色，有光泽。鞘翅色泽单一，或肩部带红色，红色区有时扩展至小盾片处。前胸背板侧面观，侧缘由中部向端部突然加厚，在端部 1/4 处的厚度约为基部厚度的 2 倍。中胸腹板中部及两侧均无隆脊。腹末 3 节背板外露。

分布：四川、浙江、福建、贵州、云南、广东、广西；东洋区、美洲、非洲。

（二十七）伪瓢虫科 Endomychidae

27.1 日本伪瓢虫

中文名	日本伪瓢虫
学名	*Idiophyes niponensis* (Gorham)
截获来源	韩国
寄主	对储藏物不造成明显危害
采集人	曾凡宇
截获时间	2009.08
鉴定人	魏春艳
复核人	刘金华

形态特征：体长 1.3 ~ 1.8mm。半球形，背面显著隆起，酷似瓢虫，红褐色至赤褐色，有光泽，被黄褐色直立长毛。触角 10 节，末 3 节形成大而松散的触角棒。前胸背板显著横宽，中央隆起，两侧呈翼状平展。鞘翅背面显著隆起，两侧平展。

分布：内蒙古、河南、福建；俄罗斯、日本。

（二十八）丽金龟科 Rutelidae

28.1 铜绿丽金龟

中文名	铜绿丽金龟
学　名	*Anomala corpulenta* Motschulsky
截获来源	日本
寄　主	苹果、山楂、海棠、梨、杏、桃、李、梅、柿、核桃、醋栗、草莓等，以苹果属 (*Malus*) 果树受害最重
采集人	曾凡宇
截获时间	2009.09
鉴定人	魏春艳
复核人	刘金华

形态特征：成虫：体长 15 ~ 22mm，宽 8.3 ~ 12.0mm。长卵圆，背腹扁圆，体背铜绿具金属光泽，头、前胸背板、小盾片色较深，鞘翅色较浅，唇基前缘、前胸背板两侧呈浅褐色条斑。前胸背板发达，前缘弧形内弯，侧缘弧形外弯前角锐，后角钝。臀板三角形黄褐色，常具 1 ~ 3 个形状多变的铜绿或古铜色斑纹。腹面乳白、乳黄或黄褐色。头、前胸、鞘翅密布刻点。小盾片半圆，鞘翅背面具 2 纵隆线，缝肋显，唇基短阔梯形。前线上卷。触角鳃叶状 9 节，黄褐色。前足胫节外缘具 2 齿，内侧具内缘距。胸下密被绒毛，腹部每腹板具毛 1 排。前、中足爪：一个分叉，一个不分叉，后足爪不分叉。

分布：黑龙江、吉林、辽宁、河北、内蒙古、宁夏、陕西、山西、山东、河南、湖北、湖南、安徽、江苏、浙江、江西、四川、广西、贵州、广东等；朝鲜、日本、蒙古、韩国、东南亚等。

（二十九）花金龟科 Cetoniidae

29.1 白星花金龟

中文名	白星花金龟
学　名	*Liocola brevitarsis* (Lewis)
截获来源	日本
寄　主	成虫取食玉米、小麦、果树、蔬菜等多种农作物
采集人	曾凡宇
截获时间	2010.09
鉴定人	魏春艳
复核人	刘金华

形态特征：体型中等，体长 17 ~ 24mm，体宽 9 ~ 12mm。椭圆形，背面较平，体较光亮，多为古铜色或青铜色，有的足绿色，体背面和腹面散布很多不规则的白绒斑。唇基较短宽，密布粗大刻点，前缘向上折翘，有中凹，两侧具边框，外侧向下倾斜，扩展呈钝角形。触角深褐色，雄虫鳃片部长、雌虫短。复眼突出。前胸背板长短于宽，两侧弧形，基部最宽，后角宽圆；盘区刻点较稀小，并具有 2 ~ 3 个白绒斑或呈不规则的排列，有的沿边框有白绒带，后缘有中凹。小盾片呈长三角形，顶端钝，表面光滑，仅基角有少量刻点。鞘翅宽大，肩部最宽，后缘圆弧形，缝角不突出；背面遍布粗大刻纹，肩凸的内、外侧刻纹尤为密集，白绒斑多为横波纹状，多集中在鞘翅的中、后部。臀板短宽，密布皱纹和黄茸毛，每侧有 3 个白绒斑，呈三角形排列。中胸腹突扁平，前端圆。后胸腹板中间光滑，两侧密布粗大皱纹和黄绒毛。腹部光滑，两侧刻纹较密粗，1 ~ 4 节近边缘处和 3 ~ 5 节两侧中央有白绒斑。后足基节后外端角齿状；足粗壮，膝部有白绒斑，前足胫节外缘有 3 齿，跗节具两弯曲的爪。

分布：国内广泛分布。

（三十）阎虫科 Histeridae

30.1 仓储木阎虫

中文名	仓储木阎虫
学名	*Dendrophilus xavieri* Marseul
截获来源	美国
寄主	捕食昆虫和螨类
采集人	胡长生
截获时间	2010.03
鉴定人	魏春艳
复核人	刘全华

形态特征：体长 2.7 ~ 3.7mm，宽 2 ~ 2.3mm。黑褐色至黑色，稍有光泽。鞘翅背线相互近平行，第 1 ~ 5 背线发达，第 1、第 2 背线通常伸达翅端，第 3、第 4 背线向后伸达翅中部之后。前足胫节内缘不显著弯曲。

分布：国内大部分省（区）；俄罗斯、英国、日本、加拿大、美国。

（三十一）叶甲科 Chrysomelidae

31.1 紫榆叶甲

中文名 紫榆叶甲
学　名 *Ambrostoma quadriimpressum* Motschulsky
截获来源 德国
寄　主 家榆、黄榆、春榆等榆树
采集人 赵冬雪
截获时间 2014.07
鉴定人 刘丽玲
复核人 魏春艳

形态特征：体长 3.0 ~ 12.0mm，前足基节窝开放；爪单齿式，鞘翅缘折内沿至少端部具细；后胸腹板前缘无边框；前胸背板基缘无边框；鞘翅中部后有 2、3 条铜绿色纵带；前胸背板侧缘中部之前强烈膨宽；鞘翅基部横凹深，表面刻点行列清楚，行距上刻点很细。

分布：黑龙江、吉林、辽宁、内蒙古、河北、贵州；俄罗斯（西伯利亚）。

31.2 马铃薯甲虫

中文名 马铃薯甲虫
学　名 *Leptinotarsa decemlineata* (Say)
截获来源 吉林省珲春市
寄　主 主要是茄科植物，大部分是茄属，其中栽培的马铃薯是最适寄主，此外还可危害番茄、茄子、辣椒、烟草等
采集人 席家文、梁春
截获时间 2012.07
鉴定人 魏春艳
复核人 陈乃中

形态特征：体长 9 ~ 11.5mm，短卵圆形，体背显著隆起。口器淡黄色至黄色。触角 11 节。前胸背板隆起，基缘呈弧形。小盾片光滑。鞘翅卵圆形，显著隆起。足短，转节呈三角形。卵长卵圆形，长 1.5 ~ 11.8mm，淡黄色至深枯黄色。离蛹，椭圆形，长 9 ~ 12mm，橘黄色或淡红色。

分布：

亚洲：亚美尼亚、阿塞拜疆、格鲁吉亚、伊朗、哈萨克斯坦、土库曼斯坦、土耳其、乌兹别克斯坦、中国新疆及甘肃局部地区。

欧洲：丹麦、芬兰、拉脱维亚、立陶宛、俄罗斯（中部、西伯利亚及远东）、白俄罗斯、乌克兰、爱沙尼亚、摩尔达维亚、波兰、捷克、斯洛伐克、匈牙利、德国、罗马尼亚、奥地利、瑞士、荷兰、比利时、卢森堡、英国、法国、西班牙、葡萄牙、意大利、前南斯拉夫、保加利亚、希腊、阿尔巴尼亚。

美洲：加拿大、美国、墨西哥、危地马拉、哥斯达黎加、古巴。

（三十二）郭公虫科 Cleridae

32.1 玉带郭公虫

中文名　玉带郭公虫
学　名　*Tarsostenus univittatus* (Rossi)
截获来源　美国
寄　主　捕食其他昆虫
采集人　弭娜
截获时间　2012.09
鉴定人　魏春艳
复核人　刘丽玲

形态特征：体长 4.3 ~ 16.2mm，宽 1 ~ 11.5mm。体黑色，密被褐色毛。头部略扁向下弯曲，其上密布细刻点。口器淡褐色。触角第 1 节、末 3 节黑色，呈膨大的栉片。其余各节珠状，褐色。胸部后缘明显窄于前缘。前胸背板布满凹刻。胸背板中部有一个"V" 形的无凹刻区。鞘翅后部略宽于前，中部有一条白色横带。每鞘翅具凹刻 10 列。腹部 5 节明显可见，末端 2 节略尖，露于翅外。足除腿节呈黑色外，其余部分为褐色。附节 4-4-4 式。

分布：河北、陕西、四川、贵州、广东、广西、云南；世界性分布。

32.2 赤足郭公虫

中文名　赤足郭公虫
学　名　*Necrobia rufipes* (Degeer)
截获来源　印度
寄　主　危害干肉及皮毛、鱼粉、椰干、棕榈仁、花生、蚕茧及多种动物性中药材，兼捕食其他昆虫
采集人　梁振宇、韩冬
截获时间　2014.09
鉴定人　魏春艳
复核人　刘丽玲

形态特征：体长 3.5 ~ 5.0mm。长卵圆形，金属蓝色，有光泽。体被黑色近直立的毛，触角和足赤褐色。触角 11 节，基部 3 ~ 5 节赤褐色，其余节色暗；触角棒 3 节，第 9、第 10 节漏斗状，末节大而略呈方形。前胸宽大于长，两侧弧形，以中部最宽。鞘翅基部宽于前胸，两侧近平行，在中部之后最宽；刻点行明显，行纹内的刻点小而浅，间距大，行间的刻点微小。足的第 4 跗节小，隐于第 3 跗节的双叶体中；爪的基部有附齿。

分布：云南、广东、广西、贵州、四川、福建、浙江、湖北、湖南、安徽、陕西、内蒙古；世界性分布。

32.3 暗褐郭公虫

中 文 名	暗褐郭公虫
学　　名	*Thaneroclerus buquet* Lefebvre
截获来源	德国
寄　　主	捕食其他昆虫
采 集 人	郭建波
截获时间	2007.08
鉴 定 人	魏春艳
复 核 人	刘金华

形态特征：体长 4.5 ~ 6.5mm。长椭圆形，全体赤褐色，被直立的黄色长毛。前胸背板两侧圆弧形，基部缢缩呈狭窄短颈状，中区有 1 长椭圆形凹窝。

分布：国内大部分省（区）；世界性分布。

（三十三）吉丁甲科 Buprestidae

33.1 六星铜吉丁

中 文 名	六星铜吉丁
学　　名	*Chrysobothris affinis* Fabricius
截获来源	法国
寄　　主	苹果、梨、杏、桃、樱桃、枇杷、海棠、核桃、柿、枣、栗、柑橘等
采 集 人	梁春、丁毅弘
截获时间	2005.04
鉴 定 人	温有学
复 核 人	魏春艳

形态特征：体长 11 ~ 14mm，宽约 5 mm，头顶赤铜色具紫红色闪光，颜面铜绿色，复眼黑褐色梭形。触角 11 节，铜绿色具闪光，被稀疏纤毛。前胸背板赤铜色具紫红色闪光，刻点粗密，中部有横皱纹，前缘较平直，侧缘近平行，后缘为中部后凸的两凹形。小盾片三角形。鞘翅紫铜色，鞘缝隆起光洁；每个鞘翅上有 4 条光洁的纵脊。翅基、翅中央和约 2/3 处各有一凹陷的金斑，具赤铜色闪光。鞘翅端钝圆，侧缘 2/5 至端部呈不规则的锯齿状。腹面中部铜绿色，两侧赤铜色，刻点稀小，被灰白色毛。

分布：辽宁、宁夏、甘肃、青海、陕西、河北、河南、山东、江苏、上海、福建、山西、湖南等。

33.2 窄吉丁属

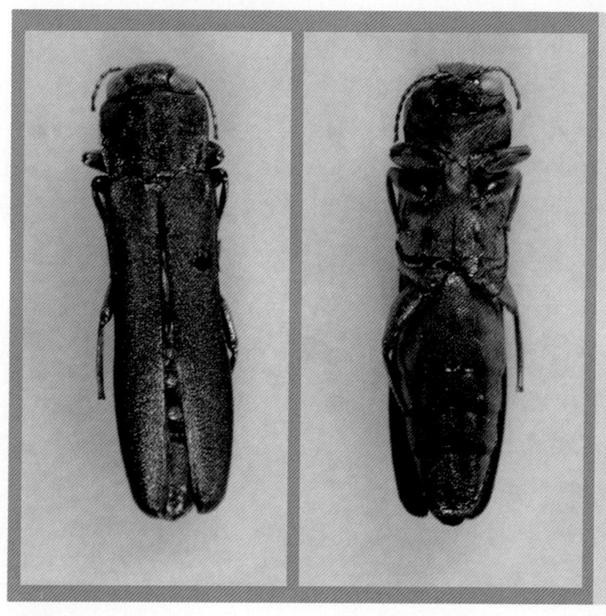

中文名	窄吉丁属
学名	*Agrilus* sp.
截获来源	法国
寄主	栎树、山毛榉、榆树、杨树、柳树、槭树、椴树等，以及多种果树和园艺类树种，如忍冬、黄槐、茶藨、醋栗及其他。特别是人工林和苗圃中的幼苗易受害
采集人	梁春、丁毅弘
截获时间	2005.04
鉴定人	魏春艳
复核人	温有学

形态特征：小甲虫，多数小于 10mm，少数达到 12 ~ 13mm。体狭窄扁平。鞘翅从肩角往后呈长狭形，中部稍增宽，后 1/3 陡峭，几乎常常呈直线状变狭，端部窄浑圆状。前胸背板具特有波浪状沟，其两侧具有 2 个棱，上缘棱和下面的缘下棱。复眼大，几乎与前胸背板相接触。前胸背板具领状突，爪具齿。

分布：世界所有的地区几乎都有分布，仅有新西兰尚未发现此类虫。大多数种类是地理特有种，仅少数是广泛分布的。

（三十四）蛛甲科 Ptinidae

34.1 日本蛛甲

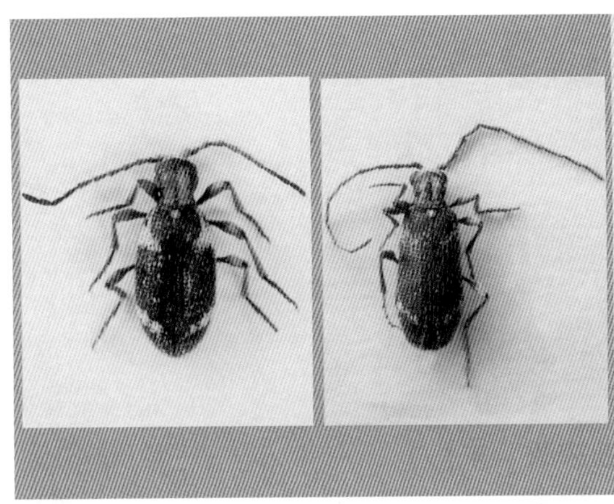

中文名	日本蛛甲
学名	*Ptinus japonicus* Reitter
截获来源	朝鲜
寄主	危害干燥或腐败的动植物性物质，包括面粉、谷物、种子、干果、皮毛、毛织品、中药材和动物标本
采集人	惠民杰
截获时间	2007.08
鉴定人	魏春艳
复核人	刘金华

形态特征：体长 3.5 ~ 5mm。雌雄异型：雄虫较细长，两鞘翅外缘近平行，肩胛明显；雌虫较短粗，两鞘翅外缘弧形外弓。表皮黄褐色至褐色，被黄褐色毛。前胸背板小，中部有 1 对黄褐色毛垫，毛垫前部高宽隆起。每鞘翅近基部及近端部各有 1 白色大毛斑。

分布：除上海、浙江、江西、福建外，其余各地均有分布；俄罗斯远东地区、日本、印度、斯里兰卡。

（三十五）铁甲科 Hispidae

35.1 甜菜大龟甲

中文名	甜菜大龟甲
学名	*Cassida nebulosa* L.
截获来源	法国
寄主	甜菜、藜、苋等
采集人	张宏业
截获时间	2005.04
鉴定人	魏春艳
复核人	温有学

形态特征：成虫体长 7mm 左右，体宽 4 ~ 5.5mm；长卵圆形，背面不明显拱起，敞边不阔，较扁平，半透明或不透明，具刻点；触角末端黑色，其余部分与体背同色；体背灰白至黄褐色，鞘翅上散生不规则的细小黑斑纹，鞘翅基部与前胸背板交接处为黑色。前胸背板近半圆形，基侧角甚阔圆；表面满布粗密刻点，盘区中央具两个微隆凸块。鞘翅较胸基稍阔，敞边基缘向前弓出；两侧平行，驼顶平拱，顶端呈平塌横脊；基洼微显；刻点粗密深刻，行列整齐，一般阔于行距；行距隆起，第 2 行更为明显；敞边狭，刻点密，表面粗皱。

分布：黑龙江、吉林、辽宁、内蒙古、宁夏、甘肃、新疆、河北、北京、天津、山东、山西、陕西、上海、江苏、湖北、重庆、四川、贵州等地；西伯利亚、朝鲜、日本、欧洲。

（一）斑蛾科 Zygaenidae

1.1 梨星毛虫

中文名	梨星毛虫
学名	*Illiberis pruni* Dyar
截获来源	日本
寄主	梨树、苹果、海棠、桃、杏、樱桃和沙果等
采集人	李伟
截获时间	2004.07
鉴定人	魏春艳
复核人	刘金华

形态特征：成虫体长 9 ~ 12mm，翅展 21 ~ 30mm。触角及通体黑褐色。复眼浓黑色。翅半透明，翅脉明显，上生有短毛，翅缘为深黑色。雄成虫触角短，羽毛状，雌成虫锯齿状。头、胸部被有黑褐色绒毛。

分布：辽宁、河北、山西、河南、陕西、甘肃、山东等省。

（二）夜蛾科 Noctuidae

2.1 苜蓿夜蛾

中文名	苜蓿夜蛾
学名	*Heliothis dipsacea* (L.)
截获来源	日本
寄主	豌豆、大豆、向日葵、麻类、甜菜、棉、烟草、马铃薯及绿肥作物
采集人	李伟
截获时间	2004.08
鉴定人	魏春艳
复核人	刘金华

形态特征：体长约15mm，翅展约35mm。前翅灰褐色带青色。缘毛灰白色，沿外缘有7个新月形黑点，近外缘有浓淡不均的棕褐色横带；翅中央有1块深色斑，有的可分出较暗的肾状纹，上有不规则小点。后翅色淡，有黄白色缘毛，外缘有黑色宽带，带中央有白斑，前部中央有弯曲黑斑。

分布：江苏、湖北、云南、黑龙江、四川、西藏、新疆、内蒙古。

2.2 银锭夜蛾

中文名	银锭夜蛾
学名	*Macdunnoughia crassisigna* Warren
截获来源	日本
寄主	大豆、胡萝卜、牛蒡、菊花等菊科植物
采集人	李伟
截获时间	2004.08
鉴定人	魏春艳
复核人	刘金华

形态特征：体长15～16mm，翅展32mm，头胸部灰黄褐色，腹部黄褐色。前翅灰褐色，马蹄形银斑与银点连成一凹槽，锭形银斑较肥，肾形纹外侧具1条银色纵线，亚端线细锯齿形，后翅褐色。

分布：中国的东北、华北、华东、西北、西藏。

2.3 黄地老虎

中文名	黄地老虎
学名	*Agrotis segetum* (Denis et Schiffermüller)
截获来源	日本
寄主	危害各种农作物、牧草及草坪草
采集人	李伟
截获时间	2004.08
鉴定人	魏春艳
复核人	刘金华

形态特征：成虫体长14～19mm，翅展32～43mm。全体黄褐色。前翅亚基线及内、中、外横纹不很明显；肾形纹、环形纹和楔形纹均甚明显，各围以黑褐色边，后翅白色，前缘略带黄褐色。

分布：除广东、海南、广西未见报道外，其他省区均有分布。

2.4 小地老虎

中 文 名	小地老虎
学 名	*Agrotis ypsilon* (Rottemberg)
截获来源	日本
寄 主	对农、林木幼苗危害很大，轻则造成缺苗断垄，重则毁种重播
采 集 人	李伟
截获时间	2004.08
鉴 定 人	魏春艳
复 核 人	刘金华

形态特征：成虫体长 17 ~ 23mm 、翅展 40 ~ 54mm。头、胸部背面暗褐色，足褐色，前足胫、跗节外缘灰褐色，中后足各节末端有灰褐色环纹。前翅褐色，前缘区黑褐色，外缘以内多暗褐色；基线浅褐色，黑色波浪形内横线双线，黑色环纹内 1 圆灰斑，肾状纹黑色具黑边、其外中部 1 楔形黑纹伸至外横线，中横线暗褐色波浪形，双线波浪形外横线褐色，不规则锯齿形亚外缘线灰色、其内缘在中脉间有 3 个尖齿，亚外缘线与外横线间在各脉上有小黑点，外缘线黑色，外横线与亚外缘线间淡褐色，亚外缘线以外黑褐色。后翅灰白色，纵脉及缘线褐色，腹部背面灰色。

分布：国内各省均有分布。

2.5 斜纹夜蛾

中 文 名	斜纹夜蛾
学 名	*Prodenia litura* (Fabricius)
截获来源	日本
寄 主	幼虫取食甘薯、棉花、芋、莲、田菁、大豆、烟草、甜菜和十字花科和茄科蔬菜等近 300 种植物的叶片，间歇性猖獗危害
采 集 人	郭建波
截获时间	2008.07
鉴 定 人	魏春艳
复 核 人	刘金华

形态特征：体长 14 ~ 20mm 左右，翅展 35 ~ 46mm，体暗褐色，胸部背面有白色丛毛，前翅灰褐色，花纹多，内横线和外横线白色、呈波浪状、中间有明显的白色斜阔带纹，所以称斜纹夜蛾。

分布：世界性分布。

（三）螟蛾科 Pyralidae

3.1 玉米螟

中文名	玉米螟
学名	*Ostrinia furnacalis* (Guenée)
截获来源	韩国
寄主	是玉米的主要害虫
采集人	梁影
截获时间	2008.06
鉴定人	魏春艳
复核人	刘金华

形态特征：黄褐色，雄蛾体长 10 ~ 13mm，翅展 20 ~ 30mm，体背黄褐色，腹末较瘦尖，触角丝状，灰褐色，前翅黄褐色，有两条褐色波状横纹，两纹之间有两条黄褐色短纹，后翅灰褐色；雌蛾形态与雄蛾相似，色较浅，前翅鲜黄，线纹浅褐色，后翅淡黄褐色，腹部较肥胖。老熟幼虫，体长 25mm 左右，圆筒形，头黑褐色，背部颜色有浅褐、深褐、灰黄等多种，中、后胸背面各有毛瘤 4 个，腹部 1 ~ 8 节背面有两排毛瘤前后各两个。

分布：北京、东北、河北、河南、四川、广西等地。

3.2 稻纵卷叶螟

中文名	稻纵卷叶螟
学名	*Cnaphalocrocis medinalis* Guenee
截获来源	日本
寄主	除危害水稻外，还可取食大麦、小麦、甘蔗、粟等作物及稗、李氏禾、雀稗、双穗雀稗、马唐、狗尾草、蟋蟀草、茅草、芦苇等杂草
采集人	李伟
截获时间	2008.09
鉴定人	魏春艳
复核人	刘金华

形态特征：成虫体长 7 ~ 9mm，淡黄褐色，前翅有两条褐色横线，两线间有 1 条短线，外缘有暗褐色宽带；后翅有两条横线，外缘亦有宽带；雄蛾前翅前缘中部，有闪光而凹陷的“眼点”，雌蛾前翅则无“眼点”。

分布：分布北起黑龙江、内蒙古，南至中国台湾、海南的全国各稻区。

3.3 印度谷螟

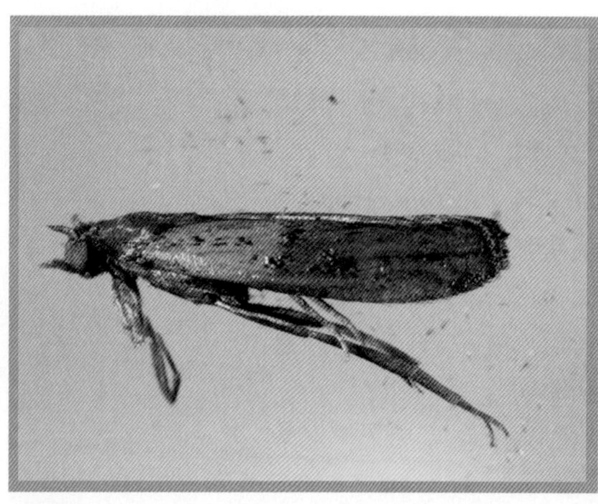

中文名　印度谷螟
学　名　*Plodia interpunctella* (Hübner)
截获来源　韩国
寄　主　以幼虫危害各种粮食和加工品、豆类、油料、花生、各种干果、干菜、奶粉、蜜饯果品、中药材、烟叶等
采集人　曾凡宇、梁振宇
截获时间　2012.04、2012.07
鉴定人　魏春艳
复核人　刘丽玲

形态特征：体长 5 ~ 9mm，翅展 13 ~ 16mm。头部灰褐色，腹部灰白色。头顶复眼间有一伸向前下方的黑褐色鳞片丛。下唇须发达，伸向前方。前翅细长，基半部黄白色，其余部分亮赤褐色，并散生黑色斑纹。后翅灰白色。一般雄成虫体较小，腹部较细，腹末呈二裂状；雌成虫体较大，腹部较粗，腹末成圆孔。

分布：国内除西藏尚未发现外，其余各省市、自治区均有分布；世界性分布。

（四）卷蛾科 Tortricidae

4.1 苹果蠹蛾

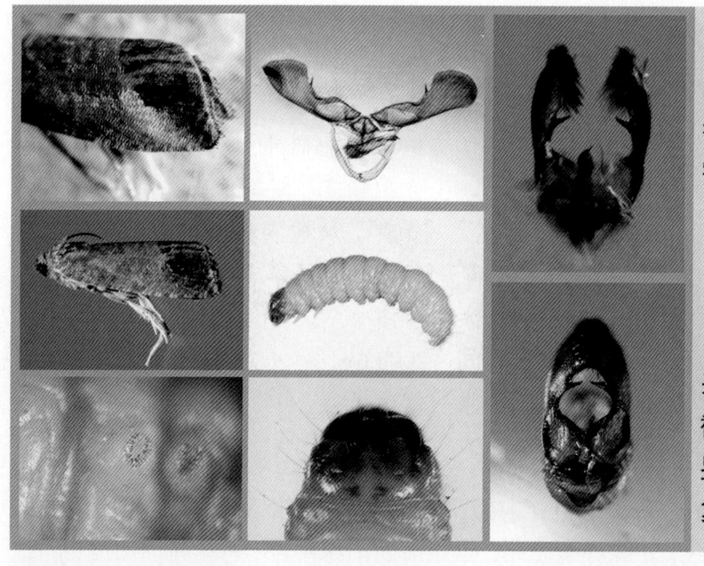

中文名　苹果蠹蛾
学　名　*Cydia pomonella* (L.)
截获来源　俄罗斯
寄　主　榅桲、核桃、苹果属 *Malus*（观赏类）、苹果、杏、欧洲李、巴旦杏、桃、梨属 *Pyrus*、欧洲梨、玉米
采集人　李龙根
截获时间　2009.08、2012.11
鉴定人　魏春艳
复核人　陈乃中

形态特征：体长 8mm，翅展 19 ~ 20mm，体灰褐色而带紫色光泽。雄蛾色深，雌蛾色浅。复眼深棕褐色。头部具有发达的灰白色鳞片丛；下唇须向上弯曲，第二节最长，末节着生于第二节末端的下方。前翅臀角处的肛上纹呈深褐色，椭圆形，有 3 条青铜色条斑，其间

显出 4 ~ 5 条褐色横纹，这是本种外形上的显著特征。翅基部淡褐色；外缘突出略呈三角形，在此区内杂有较深的斜行波状纹，翅的中部颜色最浅，也杂有波状纹。雄蛾腹面中室后缘有一黑褐色条斑，雌蛾无。后翅深褐色，基部较淡。

分布：新疆、甘肃；印度、亚美尼亚、阿塞拜疆、阿富汗、伊拉克、伊朗、以色列、约旦、吉尔吉斯斯坦、哈萨克斯坦、巴基斯坦、黎巴嫩、叙利亚、土耳其、塔吉克斯坦、乌兹别克斯坦、土库曼斯坦、英国、法国、西班牙、葡萄牙、比利时、丹麦、荷兰、挪威、芬兰、德国、阿尔巴尼亚、奥地利、白俄罗斯、保加利亚、塞浦路斯、捷克、斯洛伐克、爱沙尼亚、希腊、匈牙利、爱尔兰、拉脱维亚、意大利、立陶宛、马其他、波兰、罗马尼亚、俄罗斯、塞黑、瑞典、瑞士、乌克兰、阿尔及利亚、埃及、利比亚、毛里求斯、摩洛哥、南非、突尼斯、加拿大、美国、墨西哥、巴西、哥伦比亚、阿根廷、玻利维亚、智利、秘鲁、乌拉圭、新西兰、澳大利亚。

4.2 梨小食心虫

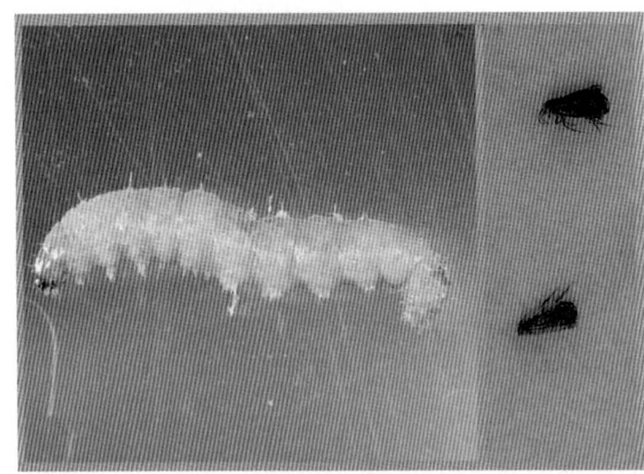

中文名 梨小食心虫
学　名 *Cydia molesta* (Busck)
截获来源 朝鲜
寄　主 桃、杏、李、樱桃、扁桃、梨、苹果和油桃及其他一些植物
采集人 陈士钊
截获时间 2012.07
鉴定人 魏春艳
复核人 刘丽玲

形态特征：成虫翅展 10.6 ~ 15mm，个体大小差异较大。虫体灰褐色，无光泽。头部有灰褐色鳞片。唇须向上弯曲。前翅混杂白色鳞片，中室外缘有一个白斑点是本种显著特征。肛上纹不明显，有 2 条竖带，4 条黑褐色横纹，前缘约有 10 组白色钩状纹。后翅暗褐色，基部较淡，缘毛黄褐色。雄外生殖器的抱器瓣中间颈部凹陷很深，抱器腹弯曲，抱器端有许多毛；阳茎呈手枪形，基部的 1/3 处最宽，阳茎针多枚。雌外生殖器的产卵瓣内侧略凹，上大下小，交配孔圆形，孔下有一段几丁质化，囊导管特宽而短，囊突 2 枚，牛角状。

分布：中国（包括台湾省）；亚美尼亚、阿塞拜疆、格鲁吉亚、日本、哈萨克斯坦、朝鲜、土耳其、乌兹别克、奥地利、保加利亚、克罗地亚、捷克、法国、德国、希腊、匈牙利、意大利、马耳他、摩尔多瓦、葡萄牙、罗马尼亚、俄罗斯、斯洛伐克、西班牙、瑞士、乌克兰、前南斯拉夫、摩洛哥、毛里求斯、南非、加拿大（安大略）、美国、阿根廷、巴西、智利、乌拉圭、澳大利亚和新西兰。

4.3 李小食心虫

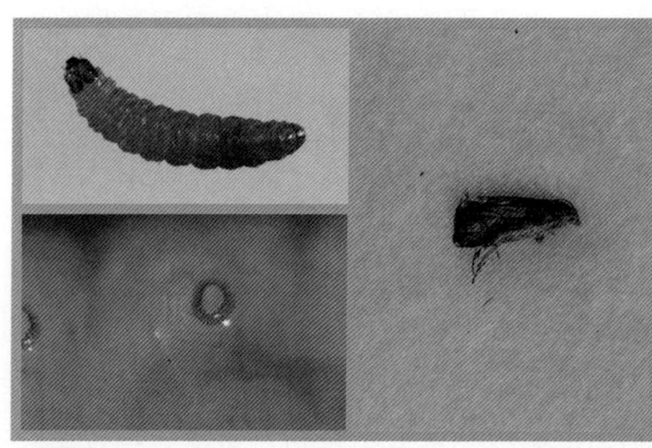

中文名	李小食心虫
学名	*Cydia funebrana* (Treitschke)
截获来源	韩国
寄主	李、桃、杏和樱桃等
采集人	王志娟、邢明伟
截获时间	2013.09、2013.10
鉴定人	魏春艳
复核人	刘丽玲

形态特征： 成虫翅展 11 ~ 14mm。体背灰褐色，头部鳞片灰黄色，复眼褐色，唇须背面灰白色，其余部分灰褐色而杂有许多白点，上举。前翅长方形，烟灰色，除前缘有 18 组不很明显的白色钩状纹外，无其他斑纹。后翅梯形，淡烟灰色。雄外生殖器的抱器瓣中间有颈部，在颈部的中间又有一指状突；抱器端膨大，有许多长毛和刺；阳茎短粗而弯曲，先端分三个几丁质化的刺尖，中部有一枚大阳茎针。雌外生殖器的产卵瓣长椭圆形，交配孔呈小圆形，囊导管粗短，中间有一块几丁质化，囊突两枚，牛角状。本种和梨小食心虫很相似，主要区别有：本种前翅较狭长；本种前翅颜色浅，基本上为烟灰色，而梨小食心虫呈灰褐色；本种前翅前缘白色钩状纹不明显，有 18 组，而梨小食心虫则明显且只有 10 组；梨小食心虫前翅在中室端部附近有一明显白色斑点，而本种则无。

分布： 中国；日本、印度、塞浦路斯、伊朗、叙利亚、土耳其、亚美尼亚、乌克兰、哈萨克斯坦、立陶宛、俄罗斯、塔吉克斯坦、土库曼斯坦、乌兹别克、阿尔及利亚、阿尔巴尼亚、奥地利、比利时、英国、保加利亚、捷克、斯洛伐克、丹麦、芬兰、法国、德国、匈牙利、意大利、荷兰、挪威、波兰、罗马尼亚、西班牙、瑞典、瑞士、前南斯拉夫等地。

三、膜翅目 Hymenoptera

（一）树蜂科 Siricidae

1.1 新渡户树蜂

中文名	新渡户树蜂
学名	*Sirex nitobei* Matsumura
截获来源	日本
寄主	华山松、油松；国外记载有落叶松及松属 *Pinus* 其他植物
采集人	李伟、丁宁
截获时间	2010.09
鉴定人	魏春艳
复核人	徐梅

形态特征：雌虫体长 12 ~ 28mm，体蓝黑色，具金属光泽；通常腹部具紫色光泽。触角和足全部黑色，触角基部数节有时带褐色。前翅基半部透明，端半部略呈烟褐色，以 $1R_1$ 室色最深。头顶和中胸背板刻点细密；前胸背板刻点粗密，呈皱纹状；腹部背板 1、2 和 8 节具稀疏的刻点，以第 1 背板最多。柔毛灰黄色，遍布头部、胸部和腹部周缘。产卵管短，约与腹部（角突除外）等长。角突呈亚三角形。雄虫体长 12 ~ 27mm。触角通常全黑，有时基部数节带褐色；头部和胸部蓝黑色；腹部除基部两节蓝褐色外均为橙黄色；足黑色，但前、中足腿节端部、胫节和跗节黄褐色；翅透明，翅脉黄色。头顶刻点粗而密，中沟宽而浅，侧缝前半段明显。其他特征如雌虫。

分布：国内部分地区有分布；日本、朝鲜。

1.2 蓝黑树蜂

中 文 名	蓝黑树蜂
学　　名	*Sirex juvencus* (L.)
截获来源	德国
寄　　主	云杉；国外记载有松和冷杉
采 集 人	董志宇
截获时间	2013.09、2014.07
鉴 定 人	魏春艳
复 核 人	徐梅

形态特征：雌虫体长 14 ~ 30mm，蓝黑色，具金属光泽。触角基部几节红褐色，其余部分黑色，但有些个体触角全为黑色，足除基节和转节外全为黄褐色至红褐色。翅端部略呈浅褐色，翅脉褐色。头部、前胸背板和中胸背板刻点密集；中胸前侧片刻点间距离大于刻点本身直径；产卵管腹面中部刻点间距离是刻点本身直径的 3 倍。前胸背板前缘中部下陷，形成一约 45° 的斜坡。雄虫体长 12 ~ 28mm。腹部背板端半部红褐色，有些个体腹部末端为蓝黑色；后足胫节和基跗节黑色。其他特征如雌虫。

分布：国内部分地区有分布；欧洲、西伯利亚、库页岛、北美洲、新西兰、日本、菲律宾、阿尔及利亚。

1.3 黄肩长尾树蜂

中 文 名	黄肩长尾树蜂
学　　名	*Xeris spectrum* (L.)
截获来源	德国
寄　　主	除紫杉外的所有针叶树，特别是冷杉、云杉，较少危害松、落叶松、黄杉、日本侧柏

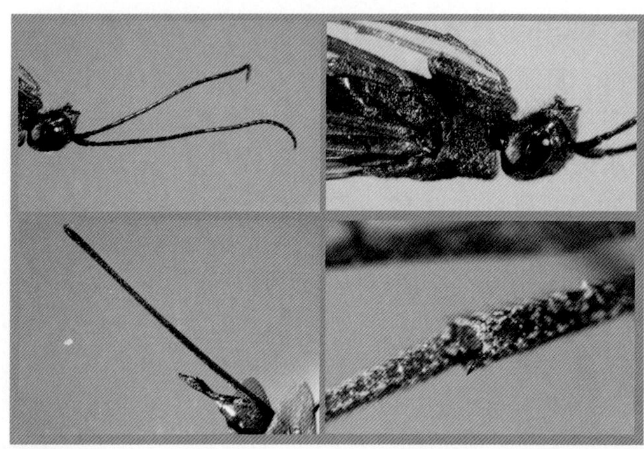

采 集 人　丁宁、曾凡宇
截获时间　2013.06、2013.08
鉴 定 人　魏春艳
复 核 人　徐梅

形态特征：雌虫体长 18 ~ 32mm。体黑色；触角鞭节端部有时颜色稍深；前胸背板两侧各有一宽的褐黄色纵带，与前胸背板等长，足通常全为红褐色。头部颊刻点较细，呈不规则排列；头顶刻点细，无刻点隆起区较大；胸部背板刻点稠密。柔毛灰黄色，较短，不密集。凹盘具中脊。雄虫体长 18 ~ 28mm。眼上方黄斑小，至多与复眼同宽；有些个体头顶中沟两侧各有 2 个黄斑；足颜色变化较大：基节黑色或黄褐色；转节红褐色；腿节红褐色，通常后足颜色较前中足颜色深，腿、胫节基部、中后足基跗节基部、前中足胫节端部和中后足基跗节端部黄色，胫节和后足（有时为中后足）其余部分黑色或褐黑色，跗节第 2 ~ 5 节通常褐色，但有时为黑色。

分布：国内部分地区有分布；欧洲、北美洲、澳大利亚、日本、阿尔及利亚。

四、衣鱼目 Zygentoma

（一）衣鱼科 Lepismatidae

1.1 毛衣鱼

中 文 名　毛衣鱼
学　　名　*Ctenolepisma villosa* Fabricius
截获来源　德国
寄　　主　危害书籍、纸张、绢丝、毛料等
采 集 人　曾凡宇
截获时间　2011.06
鉴 定 人　魏春艳
复 核 人　刘金华

形态特征：成虫体扁平，体长 9 ~ 13mm；触角丝状，多节；无翅。背面被灰黑色鳞片。

分布：中国大部分省（区）。

五、双翅目 Diptera

(一) 实蝇科 Tephritidae

1.1 桔小实蝇

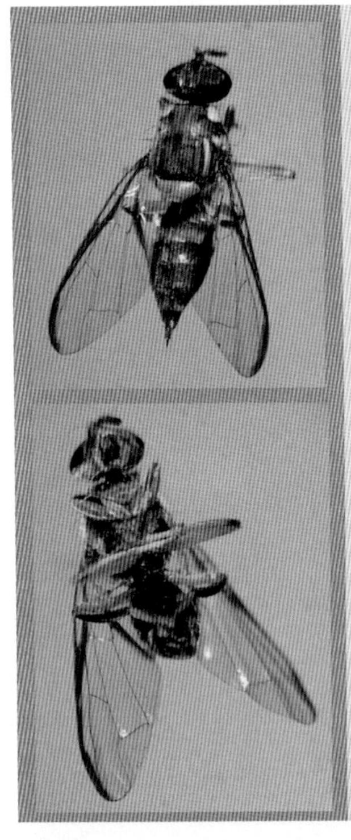

中 文 名 桔小实蝇

学 名 *Bactrocera (Bactrocera) dorsalis* (Hendel)

截获来源 中国台湾

寄 主 番石榴、草莓番石榴、杧果、桃、杨桃、香蕉、苹果、香果、西洋梨、洋李、番荔枝、刺果番荔枝、甜橙、酸橙、柑橘、柚子、柠檬、香橼、杏、枇杷、柿子、黑枣、酸枣、红果仔、蒲桃、马六甲蒲桃、葡萄、鳄梨、榅桲、安石榴、无花果、九里香、胡桃、黄皮、榴莲、咖啡、榄仁树、桃榄、西瓜、番木瓜、番茄、辣椒、茄子、西番莲等 250 余种栽培果蔬类作物及野生植物

采 集 人 关铁峰

截获时间 2013.09

鉴 定 人 魏春艳

复 核 人 赵菊鹏

形态特征： 头部中颜板黄色或黄褐色，具 1 对圆形黑色斑点。胸部中胸盾片黑色，横缝后 2 个黄色侧纵条较宽，后端终止于翅内鬃之后。肩胛、背侧胛完全黄色。翅前缘带褐色，伸至翅尖，较狭窄，其宽度不超出 R_{2+3} 脉；臀条褐色，不达翅后缘。足黄色，后胫节通常为褐色至黑色。腹部卵圆形，棕黄色至锈褐色，第 2 背板的前缘有一黑色狭短带；第 3 背板的前缘有一黑色宽横带；第 4 背板的前侧常有黑色斑纹；腹背中央的一黑色狭纵条，自第 3 背板的前缘直达腹部末端。雌虫产卵管基节棕黄色，其长度略短于第 5 背板；针突长约 1.4 ~ 1.6mm，末端尖锐，具亚端刚毛 4 对。体、翅长约 6.0 ~ 7.5mm。

分布： 湖南、广东、广西、海南、福建、四川、贵州、云南、中国台湾；日本（南势岛、小笠原群岛）、越南、泰国、老挝、尼泊尔、锡金、不丹、孟加拉国、柬埔寨、巴基斯坦、缅甸、印度、斯里兰卡、菲律宾、新加坡、马来西亚、印度尼西亚、密克罗尼西亚、马里亚纳群岛、夏威夷群岛等。

（二）虱蝇科 Hippoboscidae

2.1 绵羊虱蝇

中 文 名　绵羊虱蝇
学　　名　*Melophagus ovinus* L.
截获来源　朝鲜
寄　　主　绵羊、山羊
采 集 人　马成真
截获时间　2012.02
鉴 定 人　魏春艳
复 核 人　刘金华

形态特征：体长 4 ~ 6mm，体壁呈革质状，密被细毛，无翅。头部短宽，陷于胸部中不能活动，具刺吸式口器。胸部呈棕色，具有粗壮的肢，末端具锐利双爪。腹部宽，呈袋状，灰棕色。

分布：中国西北、内蒙古；欧洲部分地区。

六、啮虫目 Corrodentia

（一）粉啮虫科 Liposcelidae

1.1 无色书啮

中 文 名　无色书啮
学　　名　*Liposcelis decolor* (Pearman)
截获来源　德国
寄　　主　寄生范围包括含水量较大的粮食、大米、面粉及书籍、标本、衣物等
采 集 人　曾凡宇
截获时间　2011.06、2012.05、2013.07
鉴 定 人　魏春艳
复 核 人　刘丽玲

形态特征：体长 1 ~ 10mm。柔弱，有长翅、短翅、小翅或无翅型种类。无翅的种类较少。头大，后唇基十分发达，呈球形凸出。口器咀嚼式。前翅大，多有斑纹和翅痣，休息时翅常呈屋脊状或平置于体背。腹部 10 节，无尾须。

分布：世界性分布。

(一) 蝽科 Pentatomidae

1.1 茶翅蝽

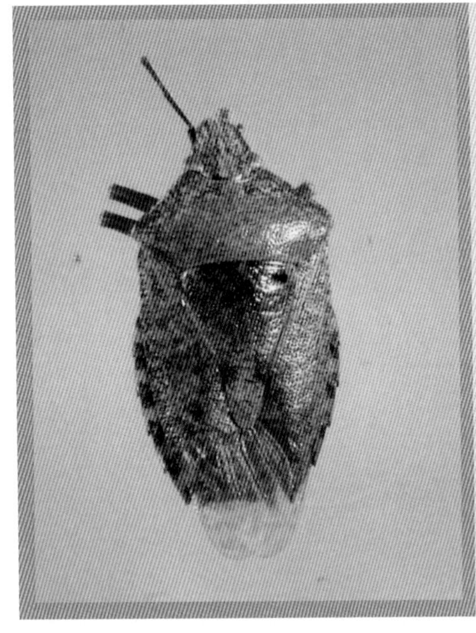

中文名	茶翅蝽
学名	*Halyomorpha halys* Stål
截获来源	法国
寄主	可危害300多种植物，主要包括苹果、梨、桃、樱桃、杏、海棠、山楂、李子、胡桃、榛子、草莓、葡萄等果树，也可危害大豆、菜豆、甜菜、芦笋、番茄、辣椒、黄瓜、茄子、甜玉米、菊花、玫瑰、百日草、向日葵等蔬菜花卉植物
采集人	梁春、李长志
截获时间	2005.04
鉴定人	温有学
复核人	魏春艳

形态特征： 成虫体长 12 ~ 16mm，宽 6.5 ~ 9mm，身体扁平略呈椭圆形，前胸背板前缘具有 4 个黄褐色小斑点，呈一横列排列，小盾片基部大部分个体均具有 5 个淡黄色斑点，其中位于两端角处的 2 个较大。不同个体体色差异较大。茶褐色、淡褐色，或灰褐色略带红色，具有黄色的深刻点，或金绿色闪光的刻点，或体略具紫绿色光泽。若虫与成虫相似，无翅。前胸背板两侧有刺突，腹部各节背面中央有黑斑，黑斑两侧各有 1 黄褐色小点，各腹节两侧节间处有 1 黑斑。

分布： 除新疆和青海未有报道外，国内其他地区均有分布；朝鲜、韩国、日本、美国、加拿大、瑞士、列支敦士登、德国、法国、意大利、匈牙利和希腊等。

（二）扁蝽科 Aradidae

2.1　无脉扁蝽属

中文名　无脉扁蝽属
学　名　*Aneurus* sp.
截获来源　法国
寄　主　多生活于腐烂的倒木树皮下，常成群聚居，以细长的口针吸食腐木中的真菌菌丝
采集人　梁春、李长志
截获时间　2005.04
鉴定人　温有学
复核人　魏春艳

形态特征：身体多数极扁平，小盾片顶端宽圆；触角第 4 节长于第 3 节。长翅型。喙起自一个开放的口前腔，即喙的基部前方开放；第 4 ~ 6 腹节腹面前缘各有一条横脊。

分布：广东、云南、福建、湖北、四川。

（一）叶蝉科 Cicadellidae

1.1　白脉圆痕叶蝉

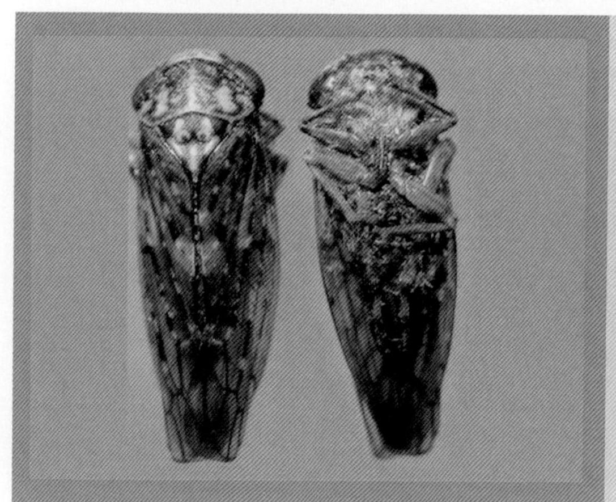

中文名　白脉圆痕叶蝉
学　名　*Japanaga lliapterieis* Matsumura
截获来源　法国
寄　主　蕨类
采集人　李长志
截获时间　2005.04
鉴定人　温有学
复核人　魏春艳

形态特征：雌虫体长 4.0mm 左右，体连翅长 5.0mm 左右。头部宽短，端部近呈钝圆角状突出。小盾片短于前胸背板，横刻痕凹曲。体灰褐色，近头部黄褐，头冠中央具褐色短纵线纹，两侧各有 1 近长方形黑斑。前胸背板中央有 1 黑褐色纵弱脊，浅中域褐色，两侧各有 1 斜生的黑色长斑；小盾片基方暗褐，基侧角黑色；前翅基半翅脉多为青白色，端半翅脉褐至暗褐色。胸部腹面黑褐，足及腹部腹面黄褐色。

分布：贵州（雷公山）；日本。

九、缨翅目 Thysanoptera

（一）蓟马科 Thripidae

1.1 普通蓟马

中 文 名　普通蓟马
学　　名　*Thrips vulgatissimus* Haliday
截获来源　法国
寄　　主　麦类、油菜、紫云英、风轮菜、马先蒿、苜蓿、野蔷薇、刺榆、柏、荞麦、芒芥、葱、蒙古蒲公英、麻艽花、鳞叶龙胆
采 集 人　梁春、李长志
截获时间　2005.04
鉴 定 人　温有学
复 核 人　魏春艳

形态特征：雌虫体长 1.7mm。体棕色，包括触角和足，但触角节Ⅲ黄色至淡棕色，有时节Ⅰ、Ⅱ或Ⅲ端部稍淡；前足胫节除边缘外，各股节两端、中、后胫节两端及跗节淡棕或橙黄色。前翅淡棕色，但基部较淡。体鬃和翅鬃暗。腹部背片前缘线不暗。雄虫体较雌虫为小，体色较黄。触角节Ⅱ和Ⅲ几乎黄色，节Ⅳ亦较淡。前足股节、中足股节端部和胫节基部黄色部分增多。前翅几乎一致淡，黄色。

分布：四川、西藏、宁夏、甘肃、青海、新疆；蒙古、乌克兰、格鲁吉亚、前南斯拉夫、罗马尼亚、匈牙利、波兰、瑞典、瑞士、荷兰、西班牙、希腊、法国、意大利、丹麦、奥地利、德国、英国、芬兰、格陵兰、冰岛、美国、加拿大、新西兰。

十、蜚蠊目 Blattaria

（一）姬蠊科 Blattellidae

1.1 德国小蠊

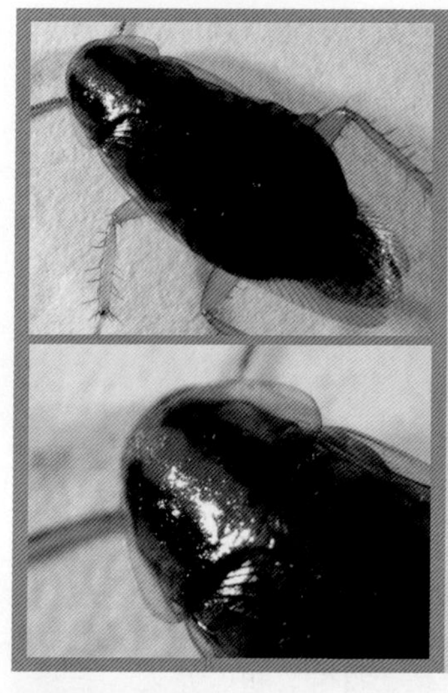

中 文 名 德国小蠊
学 名 *Blattella germanica* L.
截获来源 韩国
寄 主 危害成品粮、面包、饼干、糖果、油籽饼、中药材等；亦见于列车、宾馆等
采 集 人 梁影
截获时间 2008.06
鉴 定 人 魏春艳
复 核 人 王玮琳

形态特征：体长 12 ~ 15mm，扁平光滑，暗黄色。触角很长，呈丝状。前胸背板上有 2 条纵向的黑色斑纹。前后翅发达，雄虫长达尾端，雌性远超腹端；各足爪对称，不特化。腹部第一背板不特化，第七和第八背板特化。

分布：世界性分布。

第二章
杂　　草

（一）豆科 Leguminosae

1.1 决明

中文名　决明
学　名　*Senna tora* L.
截获来源　美国、巴西
采集人　胡长生、张少杰
截获时间　2008.07、2009.06、2011.04、2013.08
鉴定人　魏春艳
复核人　王金丽

形态特征：荚果圆条形，果皮光滑，成熟时开裂，内含多数种子。种子菱形，长 3 ~ 5mm，径长 2.5 ~ 3mm。一端呈斜菱角状，另一端钝圆。种皮黄褐色或棕褐色，表面平滑，有光泽，外被一层不规则波状裂纹的胶质物，种子两侧中部有一条稍弯曲的窄带状黄色条纹，微凹陷，其长度近达种子的两端。种脐椭圆形，位于种子基部，种瘤在种脐下边，突出，自种脐至顶端有一条很长的种脊，呈褐色。种皮革质，内含少量胚乳，胚体大，子叶折叠成“S”形。

分布：亚洲：中国、不丹、印度、尼泊尔、巴基斯坦、斯里兰卡、柬埔寨、老挝、缅甸、泰国、越南、印度尼西亚、马来西亚、巴布新几内亚、菲律宾；西南太平洋的所罗门群岛。

1.2 望江南

中文名　望江南
学　名　*Senna occidentalis* (L.) Link.
截获来源　巴西
采集人　胡长生
截获时间　2009.09
鉴定人　魏春艳
复核人　王金丽

形态特征：荚果近圆筒形，长达 7 ~ 9cm，果实边缘呈棕黄色，中间棕色，表皮被疏毛。内含多数种子。种子歪阔卵形或倒阔卵形，长 4 ~ 5mm，宽约 4mm，扁形，顶端圆形或斜圆形，种皮暗浅绿褐色，无光泽，表面覆盖一层辐射状裂纹的胶质薄层。在种子两面中央各有一矩椭圆形或矩圆形斑块，微凹陷，凹底平坦，表面有小颗粒状突起。种脐卵形，边缘隆起，中部内缢，位于种子基部一侧突尖处，种瘤在种子的种脐下边，不显著，种脊呈长脊棱状。种皮质硬，内含灰白色胚乳，包围着胚体。

分布：我国中部、东南部、南部及西南部各省区均有分布，此部部分省区有栽培。原产亚洲热带地区，现世界性分布。

1.3 大果田菁

中文名 大果田菁
学　名 *Sesbania sericea* (Willd.) Link.
截获来源 美国
采集人 胡长生、张少杰
截获时间 2009.04、2011.04、2012.06
鉴定人 魏春艳
复核人 王金丽

形态特征：荚果长圆柱形，长 10 ~ 20cm，直径约 3mm，顶端具残存花柱，基部有宿存花萼。成熟时开裂，内含多数种子。种子矩椭圆形，长 3.5 ~ 4.5mm，宽 2 ~ 2.5mm，两端钝圆。种皮绿褐色或浅褐色或红褐色，表面平滑，有光泽，密布黑色花斑。种脐圆形，凹陷，呈褐色至红褐色，周边白色，晕轮红褐色。种瘤突出，褐色，位于距种脐约 0.9mm 处。种皮革质，内有胚乳，包围着胚。

分布：美国和热带美洲其他地区。

1.4 美丽猪屎豆

中文名 美丽猪屎豆
学　名 *Crotalaria spectabilis* Roth.
截获来源 巴西
采集人 李艳丰
截获时间 2015.07
鉴定人 魏春艳
复核人 康林

形态特征：荚果圆柱形或长圆形，长 2.5 ~ 3cm，厚 1.5 ~ 2cm，上下稍扁，秃净无毛，膨胀，内含多数种子。种子长 4 ~ 5mm，宽约 3 ~ 3.5mm，肾形或近肾形，两侧扁平；黑色或暗黄褐色，表面非常光亮，两端与背部钝圆，中部宽；胚根与子叶分离，长度为子叶长的 1/2 以上，其端部向内弯曲成钩状。种脐位于腹面胚根端部的凹陷内，被胚根端部完全遮盖，种脐周围被细砂纸状的粗糙区所围绕。种子横切面椭圆形；子叶黄褐色；种子有少量胚乳。

分布：中国（辽宁、山东、河北、河南、安徽、江苏、浙江、江西、湖北、湖南、福建、台湾、贵州、广东、广西、四川、云南、西藏等省区）；印度、缅甸、尼泊尔、巴基斯坦、泰国、肯尼亚、马里、坦桑尼亚、马达加斯加、澳大利亚(新南威尔士州、昆士兰州)、巴哈马、古巴、多米尼加、多米尼加共和国、瓜德罗普、牙买加、波多黎各、墨西哥、巴拿马、美国、阿根廷、巴西、哥伦比亚、秘鲁、委内瑞拉。

（二）蓼科 Polygonaceae

2.1 荞麦蔓

中文名　荞麦蔓
学　名　*Polygonum convolvulus* L.
截获来源　美国
采集人　胡长生、张少杰
截获时间　2008.07、2011.12、2013.01
鉴定人　魏春艳
复核人　王金丽

形态特征：瘦果包藏于宿存花被内，花被片 5 片，外方 3 片有明显脊棱，表面粗糙。果体长约 3mm，宽 2mm，呈三棱状卵形，两端钝尖，横剖面呈等边三角形。果皮暗黑色，无光泽，表面有极微细的点状纹。内含 1 粒种子。种子与果实同形。种皮膜质，呈淡黄色，内含丰富的腊白色粉质胚乳，胚在种子内沿一角隅纵向着生。

分布：中国黑龙江；阿富汗、印度、伊朗、日本、韩国、朝鲜、蒙古、菲律宾、土耳其；非洲、北美洲、南美洲。

2.2 春蓼

中文名　春蓼
学　名　*Polygonum persicaria* L.
截获来源　美国
采集人　胡长生
截获时间　2009.04、2013.06
鉴定人　魏春艳
复核人　王金丽

形态特征：总状花序呈穗状，顶生或腋生，较紧密，长 2 ~ 6cm，通常数个再集成圆锥状，花序梗具腺毛或无毛；苞片漏斗状，紫红色，具缘毛，每苞内含 5 ~ 7 花；花梗长 2.5 ~ 3mm，花被通常 5 深裂，紫红色，花被片长圆形，长 2.5 ~ 3mm，脉明显。瘦果近圆形或卵形，双凸镜状，稀具 3 棱，长 2 ~ 2.5mm，黑褐色，平滑，有光泽，包于宿存花被内。

分布：东北、华北、西北、华中、广西、四川、浙江及贵州；欧洲、非洲及北美。

2.3 夏蓼

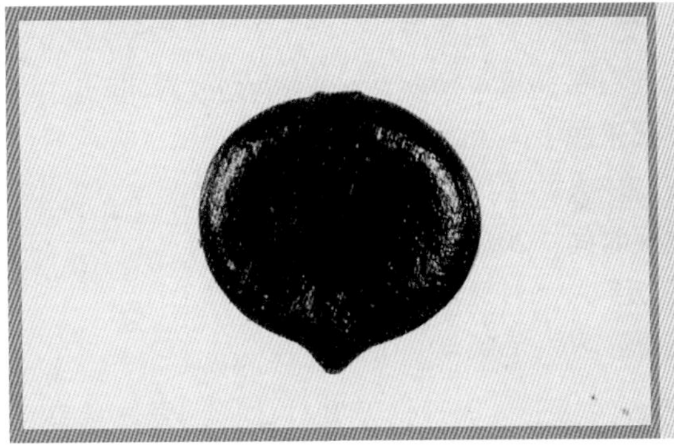

中文名 夏蓼
学 名 *Polygonum lapathifolium* L.
截获来源 美国
采集人 胡长生
截获时间 2008.07、2011.12、2012.06
鉴定人 魏春艳
复核人 王金丽

形态特征：瘦果包藏于宿存花被内，顶端微露，花被片易脱落，果体呈阔卵形，顶端突尖，两侧扁，微凹，基部圆形。果体长约 2.7mm，宽约 2.5mm。果皮暗红褐色至红褐色，表面呈颗粒状粗糙或近平滑，具光泽，果脐圆环状，红褐色，位于种子基部，果皮革质，内含 1 粒种子。种子与果实同形。种皮膜质，呈浅桔红色。内含丰富的腊白色的粉质胚乳，胚沿种子内侧边缘弯生。

分布：中国南北各省；朝鲜、蒙古、俄罗斯、印度、北美洲、菲律宾及太平洋沿岸。

（三）菊科 Compositae

3.1 意大利苍耳

中文名 意大利苍耳
学 名 *Xanthium italicum* More.
截获来源 阿根廷
采集人 姜丽、李艳丰
截获时间 2014.07
鉴定人 刘丽玲
复核人 范晓虹

形态特征：瘦果包于总苞，总苞椭圆形，中部粗，棕色至棕褐色；总苞内含有 2 枚卵状长圆形、两面扁的瘦果，硬木质刺果，其长为 10 ~ 20mm，卵球形，表面覆盖棘刺；果实表面密布独特的毛、具柄腺体、直立粗大的倒钩刺，刺和体表无毛或者具有稀少腺毛；顶端具有 2 条内弯的喙状粗刺，基部具有收缩的总苞柄。

分布：北京；西班牙、法国、德国、英国、意大利、瑞典、朝鲜、日本、以色列、叙利亚、黎巴嫩、澳大利亚、巴西、阿根廷、秘鲁、巴拉圭、哥伦比亚、加拿大、美国、墨西哥、澳大利亚、地中海地区。

3.2 宾州苍耳

中文名 宾州苍耳
学名 *Xanthium pensylvanicum* Wallr.
截获来源 乌克兰
采集人 姜丽、李艳丰
截获时间 2015.06
鉴定人 刘丽玲
复核人 范晓虹

形态特征：刺果：狭纺锤形、矩圆形、卵圆状纺锤形、卵球形及圆柱体形，果体稍扁且弯曲，无毛、近无毛或被短腺毛，长 14 ~ 26mm，宽 5 ~ 8mm。苞刺疏生并强壮（偶见密生并纤细），基部被腺体及稀疏柔毛，先端钩状，具紫色斑点，长 3 ~ 7mm。喙纤细或增厚，下部被腺体至短柔毛，上部无毛并内弯，先端呈钩状，长 4 ~ 6mm。

分布：美国、墨西哥。

3.3 猬实苍耳

中文名 猬实苍耳
学名 *Xanthium echinatum* Murray
截获来源 乌克兰
采集人 姜丽、李艳丰
截获时间 2015.06
鉴定人 刘丽玲
复核人 范晓虹

形态特征：刺果卵形，上部密生苞刺，被腺体和硬糙毛，暗棕色，不算刺但连喙在内：长 24 ~ 27mm，宽 9 ~ 12mm。苞刺长 2.5 ~ 3.5mm，强壮，近镰刀状，常渐向内弯，先端钩状或直立，被少量腺体和暗棕色或棕黄色的毛，极长，长是宽的 3 ~ 5 倍，具簇生长而软的毛和极硬糙毛。喙长约 5 mm，强壮，镰刀状至内弯，先端钩状或内弯，几乎通体被硬糙毛。

分布：法国、葡萄牙、西班牙、加拿大、美国、波多黎各。

3.4 北美苍耳

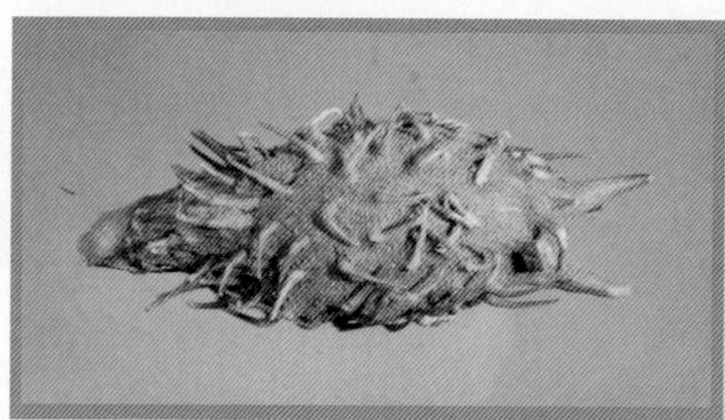

中文名 北美苍耳
学名 *Xanthium chinense* Mill
截获来源 美国、巴西
采集人 姜丽、李艳丰
截获时间 2015.03、2015.05
鉴定人 刘丽玲
复核人 范晓虹

形态特征：刺果卵球形或矩圆形，中间不显著膨大，光滑，着生等长同形的刺苞，近无毛，只被少量腺点，长 12 ~ 20mm（极少数再长些），黄绿色、淡绿色或在干燥的标本呈红褐色。苞刺长约 2 mm，挺直，近无毛或基部散生极少量的短腺毛，与苞片同色，先端有小细钩。喙长 3 ~ 6mm，直立或弓形，基部无毛或被极少量短腺毛，先端弯曲或有较软的小钩，两喙靠合（直立）或叉开（弓形）生长。

分布：中国、日本、俄罗斯、美国、墨西哥、波多黎各、古巴及西印度群岛、多米尼加、玻利维亚。

3.5 南美苍耳

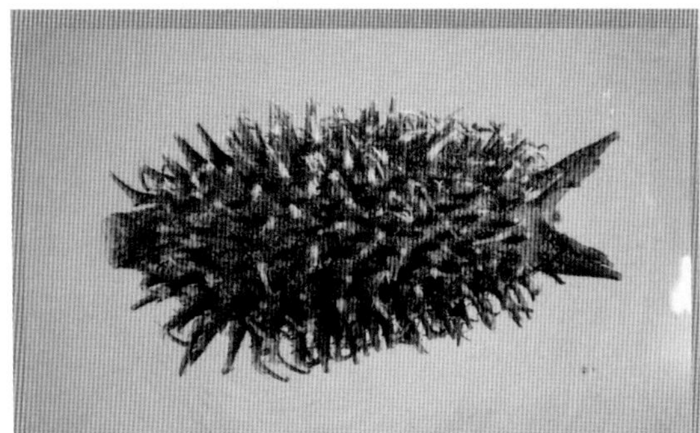

中 文 名 南美苍耳
学　　名 *Xanthium cavanillesii* Schouw
截获来源 乌克兰
采 集 人 姜丽、李艳丰
截获时间 2015.06
鉴 定 人 刘丽玲
复 核 人 范晓虹

形态特征：刺果卵球形，基部膨大，上部密生苞刺，被腺体和长硬毛，深棕色，不算刺但连喙在内：长 24 ~ 26mm，宽 9 ~ 11mm。苞刺长约 3.5 ~ 6mm，坚实，钻状，直立，顶端具钩，直至或超过中间部位被有腺体，之间还混杂长毛，不等长（苞片基部的较长，向顶端的较短）。喙强壮，厚钻状，中间略扁平，总是直立，顶部具钩（稀近直立），直至中部被有腺体至硬毛，通常长于苞刺。

分布：阿根廷、巴西、澳大利亚，也零星分布于夏威夷岛和欧洲西南部。

3.6 欧洲苍耳

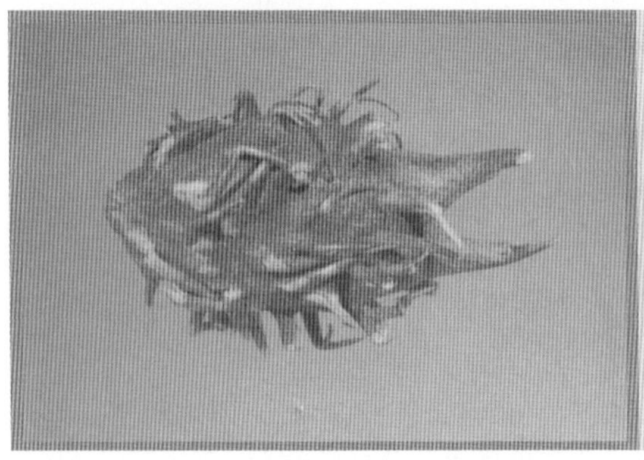

中 文 名 欧洲苍耳
学　　名 *Xanthium occidentale* Bertol.
截获来源 美国
采 集 人 姜丽、张少杰
截获时间 2015.11
鉴 定 人 刘丽玲
复 核 人 范晓虹

形态特征：刺果纺锤形，中间膨大，分布均匀的苞刺，近无毛，深褐色、深禾秆色，不算刺但连喙在内长 19 ~ 23mm，宽 7 ~ 8mm；苞刺强壮，直立，禾秆色，比苞片颜色浅，先端具拳卷 180° 的小细钩，近无毛（及稀少，在基部被少量毛），长 2 ~ 4.5mm（基部苞刺较短）。喙极强壮，圆锥状，从基部至顶端渐变细且缓慢内弯，先端常具小钩，无毛或基部至中部被稀疏短柔毛，略长于或等于苞刺，两喙叉开生长。

分布：原产百慕大群岛、巴哈马群岛、大小安的列斯群岛和委内瑞拉海岸地区；现分布日本、巴布亚新几内亚、南亚、澳大利亚。

3.7 刺苍耳

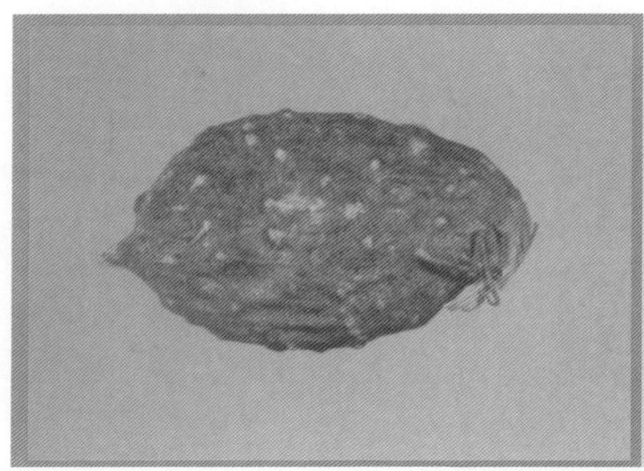

中文名　刺苍耳
学　名　*Xanthium spinosum* L.
截获来源　美国
采集人　姜丽、张少杰
截获时间　2015.11
鉴定人　刘丽玲
复核人　范晓虹

形态特征：总苞椭圆形或卵状椭圆形，黄褐色至灰褐色；具一长一短并行向上的喙，顶端内弯成钩；苞体表面疏生长 4 ~ 6mm 的钩刺，刺与刺之间常有纵棱或不明显。

分布：分布于北美洲、拉丁美洲、非洲南部、欧洲南部和中部。

3.8 刺苞果

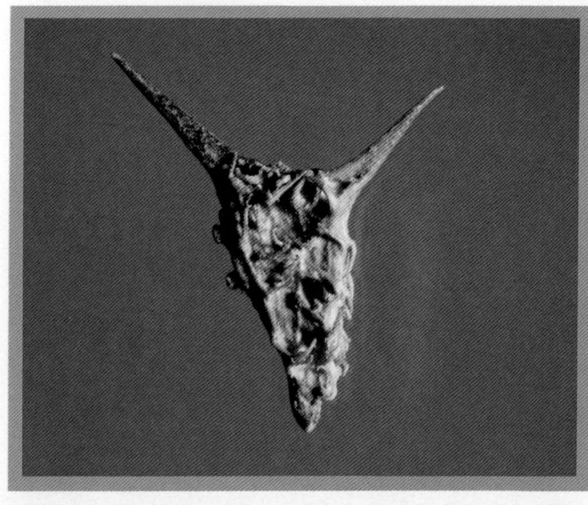

中文名　刺苞果
学　名　*Acanthospermun hispidum* DC.
截获来源　巴西
采集人　胡长生
截获时间　2009.09
鉴定人　魏春艳
复核人　王金丽

形态特征：总苞倒三角形，扁状，不开裂，长 5 ~ 6mm，宽约 3mm，顶端两侧各具一斜向外伸的劲直尖刺，有时末端弯曲，通常不等长。总苞壳呈浅黄色或淡褐色，表面凹凸不平，并疏生长短不一的倒钩刺。总苞内含 1 枚瘦果。瘦果倒卵形，扁状，顶端拱圆，基部渐尖，果皮革质，灰黑色，稍有光泽，果内含 1 粒种子，种子与果实同形，种皮膜质，胚直生，无胚乳。

分布： 云南；南美洲、北美洲、澳大利亚。

3.9 鬼针草

中 文 名　鬼针草
学　　名　*Bidens bipinnata* L.
截获来源　朝鲜、阿根廷、巴西
采 集 人　马成真、胡长生
截获时间　2009.10、2010.06
鉴 定 人　魏春艳
复 核 人　王金丽

形态特征： 瘦果条形，长 12 ~ 17mm（不计刺芒状冠毛），宽 0.7 ~ 1mm。顶端宿存 3 ~ 4 条长刺芒状冠毛，冠毛带有倒刺，果体具 4 棱，棱间稍凹，其中有 1 条细棱，细棱间两侧各有 1 条细纵沟。果皮深褐色至黑色，表面粗糙，无光泽。果脐圆形，凹陷，位于果实基端。果内含 1 粒种子，种子无胚乳，胚直生，子叶带状。

分布： 中国东北、华北、华中、华东、华南、西南及陕西、甘肃等地。生路边荒地、山坡及田间。广布于美洲、亚洲、欧洲及非洲东部。

3.10 狼把草

中 文 名　狼把草
学　　名　*Bidens tripartita* L.
截获来源　朝鲜
采 集 人　刘勇先
截获时间　2012.03
鉴 定 人　魏春艳
复 核 人　王金丽

形态特征： 瘦果楔形或倒卵形楔形，扁平，长约 8mm，宽约 3mm。顶端截平，常具 2 条刺状冠毛，其两侧边缘有倒钩刺，果实基部渐窄。果皮浅褐色至深褐色，表面粗糙，无光泽。果脐椭圆形，位于果实基端凹陷内。果内含 1 粒种子，种皮膜质，种子无胚乳，胚直生。

分布： 中国各地；亚洲、欧洲、北美洲及大洋洲。

3.11　豚草

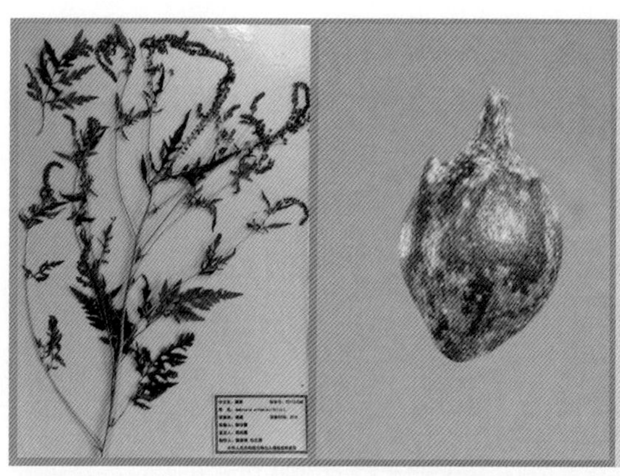

中 文 名　豚草
学　　名　*Ambrosia artemisifolia* L.
截获来源　美国、巴西
采 集 人　胡长生、张少杰
截获时间　2009.04、2009.06、2011.12、2012.06、2013.06
鉴 定 人　魏春艳
复 核 人　王金丽

形态特征： 木质化囊状总苞呈倒卵形，长 3 ~ 4mm，宽 1.8 ~ 2.5mm。顶端中央具 1 粗而长的锥状喙，其周围一般有 5 ~ 7 个短的突尖，顺着突尖下延成为明显的纵肋。总苞黄褐色，表面具疏网状纹，网眼内粗糙，有时具丝状白毛，尤其在果实顶端较密。总苞内含 1 枚瘦果，果体与总苞同形，果皮褐色或棕褐色，表面光滑。果内含 1 粒种子。种皮膜质，胚直生无胚乳。

分布： 我国东北、华北、华东、华中部分省区以及世界大部分国家。

3.12　三裂叶豚草

中 文 名　三裂叶豚草
学　　名　*Ambrosia trifida* L.
截获来源　美国
采 集 人　胡长生
截获时间　2011.12
鉴 定 人　魏春艳
复 核 人　王金丽

形态特征： 瘦果被木质化的总苞所包，总苞呈倒卵形，长 6 ~ 10mm，宽 4 ~ 7mm。稍扁，顶端中央具 1 粗短的锥状喙，其周围一般有 4 ~ 10 个钝而短的突起，顺着突起下延成为明显的粗圆纵棱，棱间又有不明显的纵棱及皱纹。总苞浅黄色、黄褐色或黑褐色，表面光滑无毛。总苞内含 1 枚瘦果，果体与总苞近同形，果皮薄，灰色或褐色，表面光滑。果内含 1 粒种子。种皮膜质，黄褐色，表面有数条微波状纹，胚直生，无胚乳，子叶肥厚。

分布： 我国东北、华北、华东、华中部分省区；北美洲。

3.13 莴苣

中 文 名 莴苣
学 名 *Lactuca sativa* L.
截获来源 朝鲜
采 集 人 马成真
截获时间 2012.02
鉴 定 人 魏春艳
复 核 人 刘丽玲

形态特征：总苞果期卵球形，长 1.1mm，宽 6mm；总苞片 5 层，最外层宽三角形，长约 1mm，宽约 2mm，外层三角形或披针形，长 5 ~ 7mm，宽约 2mm，中层披针形至卵状披针形，长约 9mm，宽 2 ~ 3mm，内层线状长椭圆形，长 1cm，宽约 2mm，全部总苞片顶端急尖，外面无毛。瘦果倒披针形，长 4mm，宽 1.3mm，压扁，浅褐色，每面有 6 ~ 7 条细脉纹，顶端急尖成细喙，喙细丝状，长约 4mm，与瘦果几等长。冠毛 2 层，纤细，微糙毛状。

分布：全国各地均有栽培。

（四）蔷薇科 Rosaceae

4.1 龙牙草

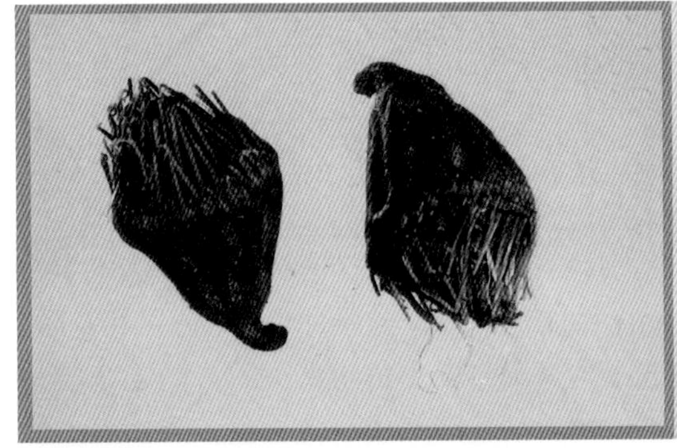

中 文 名 龙牙草
学 名 *Agrimonia eupatoria* L.
截获来源 朝鲜
采 集 人 马成真
截获时间 2012.02
鉴 定 人 魏春艳
复 核 人 王金丽

形态特征：瘦果倒卵形，包于宿存花萼中，花萼筒呈圆锥状，具 10 条纵脊，顶端有一圈倒钩状刺，表面棕绿色、黄褐色或棕褐色。果体先端具残存花柱，果内含 1 粒种子。种子倒卵形或球形，长约 2.5mm，宽约 2mm，顶端突尖，基部钝圆。种皮淡黄色或黄褐色，表面具细网状纹，种脐微凸，位于种子基部，自种脐沿腹部直至顶端有一条明显的线纹。种皮膜质，内含一直生胚，子叶肥厚，无胚乳。

分布：中国各省；俄罗斯、朝鲜、日本。

4.2 路边青

中文名 路边青
学　名 *Geum aleppicum* Jacquern
截获来源 朝鲜
采集人 张立健
截获时间 2012.03
鉴定人 魏春艳
复核人 王金丽

形态特征：聚合果倒卵球形，瘦果被长硬毛，花柱宿存部分无毛，顶端有小钩；果托被短硬毛，长约 1mm。

分布：黑龙江、吉林、辽宁、内蒙古、山西、陕西、甘肃、新疆、山东、河南、湖北、四川、贵州、云南、西藏、广西；北半球温带及暖温带。

（五）锦葵科 Malvaceae

5.1 苘麻

中文名 苘麻
学　名 *Abutilon theophrasti* Medicus
截获来源 美国
采集人 胡长生、张少杰
截获时间 2010.04、2011.12、2012.06、2013.08
鉴定人 魏春艳
复核人 王金丽

形态特征：蒴果半球形，外被粗毛，直径约 2cm，由 15 ~ 20 个分果片组成。分果片肾形，先端有一对叉开长芒刺，背缝附近有长柔毛，腹缝上端有一个向下的喙状突起，内含 3 粒种子。种子肾形或三角状肾形，长 3 ~ 5mm，宽约 3mm。种皮暗褐色或灰褐色，表面有一薄层淡褐色的附属物、疏散的白色泡状颗粒及短茸毛、分叉毛和星状毛，极易脱落。种脐位于种子腹面的凹陷内，呈卵形或长圆形，其中间有一条短脐沟，两侧有整齐的篦齿状纹，种脐周围有 1 环黄褐色短毛环，脐部常有种柄残存的部分延伸成窄脊。种子含少量胚乳，胚弯曲，子叶褶叠。

分布：世界性分布。我国除青藏高原外，其他各省区均产，东北各地有栽培。常见于路旁；荒地和田野间。越南、印度、日本以及欧洲、北美洲等地区也有分布。

5.2 刺黄花稔

中 文 名　刺黄花稔
学　 名　*Sida spinosa* L.
截获来源　美国、阿根廷、巴西
采 集 人　胡长生、张少杰
截获时间　2008.07、2009.04、2010.06、2011.04、2012.06、2013.05
鉴 定 人　魏春艳
复 核 人　王金丽

形态特征：蒴果由5个分果片组成。分果片近三棱状，顶端有一对叉开而密被短硬毛的芒刺，其间有一小裂口，背面钝圆，其下部有极明显的横皱纹，腹面两侧扁平，具明显的纵皱纹。每个分果片内含1粒种子。种子三棱状倒阔卵形，长1.5mm，宽1.4mm。种皮暗褐色，表面有一层黄褐色腊质薄层，背面拱圆，腹面中央隆起成脊状，把腹部分成2个微凹斜面。种脐位于种子基部，呈三角形，棕色或深棕色，其周围有辐射状条纹，脐上常附着残存的珠柄。种子含少量胚乳，胚弯曲，子叶回旋折叠。

分布：安徽、江苏、上海、浙江；北美洲、拉丁美洲、非洲、亚洲。

5.3 圆叶锦葵

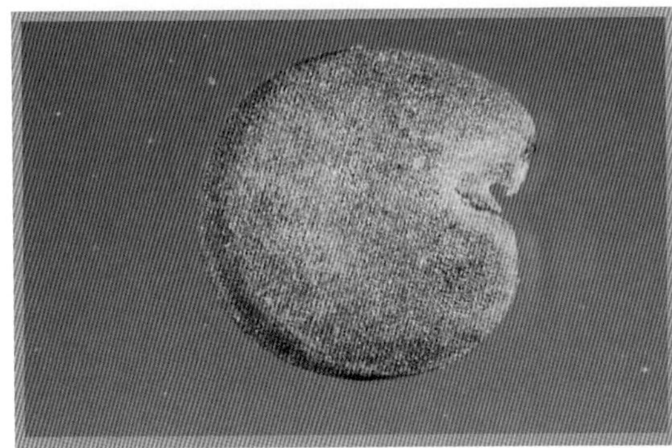

中 文 名　圆叶锦葵
学　 名　*Malva pusilla* (Smith)
截获来源　美国
采 集 人　李艳丰
截获时间　2011.12
鉴 定 人　魏春艳
复 核 人　刘丽玲

形态特征：蒴果由10～20个分果片组成。分果片侧面近圆形，两侧扁，背部较厚，并具突起成脊的网状纹；腹部较薄，顶面观呈楔形，侧面有隆起的辐射状纵纹10余条。果皮薄，内含1粒种子。种子近圆形，直径1.5～2mm，两侧扁，背部较厚，顶端拱圆，腹部渐薄，中部有一深凹口。种皮褐色至红褐色，表面具细弱而不规则的波状横纹，外被一薄层白色的腊质物。种脐黑褐色，表面具辐射状密集条纹，位于种子腹面的凹口内。种子含微量胚乳，胚弯生，子叶回旋状折叠。

分布：中国各地；北欧、俄罗斯、北美、澳大利亚。

5.4 阿洛葵

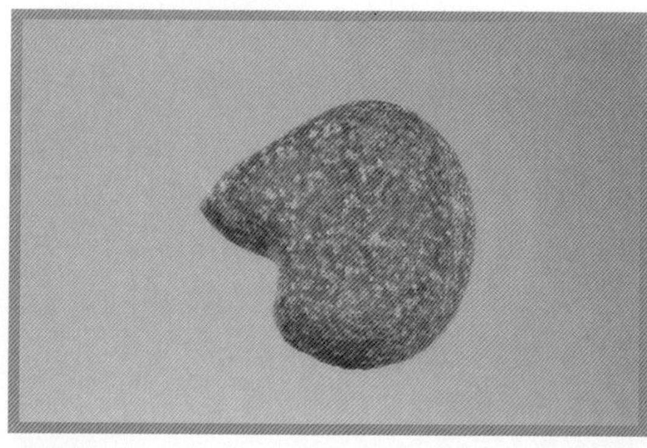

中 文 名 阿洛葵
学　　名 *Anoda cristata* (L.) Schlecht.
截获来源 阿根廷
采 集 人 张少杰
截获时间 2012.07
鉴 定 人 魏春艳
复 核 人 范晓虹

形态特征：果实由 10 ~ 20 个排成圆环的片状分果瓣组成，每个分果瓣内含一种子，先端延伸成芒状。种子肾形，长 2.8 ~ 3.2mm，表面具小瘤状突起，褐色至黑色。

分布：美国、墨西哥以南的厄瓜多尔、洪都拉斯、尼加拉瓜、巴拿马、波多黎各、秘鲁、阿根廷等中、南美洲国家，现分布于大西洋的澳大利亚，欧洲的比利时、法国、德国、荷兰、挪威、西班牙和英国，以及亚洲的俄罗斯远东地区和以色列等地也有入侵记载。

（六）唇形科 Labiatae

6.1 欧洲夏枯草

中 文 名 欧洲夏枯草
学　　名 *Prunella vulgaris* L.
截获来源 德国
采 集 人 曾凡宇
截获时间 2009.09
鉴 定 人 魏春艳
复 核 人 王金丽

形态特征：小坚果包藏于宿萼内，果体三棱状倒卵形，长约 1.5 ~ 2.2mm，宽 0.8 ~ 1mm。顶端拱圆，基部极尖，背面稍呈拱形，腹面隆起成钝脊棱，把腹部分为两个斜面，在背腹相邻的边缘成为边棱，在背、腹面及其两面相邻的边缘的两侧边棱上均有 1 条由深褐色的双线纵棱，棱间形成浅沟。果皮黄褐色，表面平滑，并有油脂光泽和疏细纵纹。果内含 1 粒种子。种皮膜质，无胚乳，胚直生。

分布：中国各地；欧洲；北非、俄罗斯西伯利亚、西亚、印度、巴基斯坦、尼泊尔、不丹均广泛分布，澳大利亚及北美洲亦偶见。

（七）禾本科 Gramineae

7.1 假高粱

中文名 假高粱
学 名 *Sorghum halepense* (L.) Pers
截获来源 美国
采集人 张少杰
截获时间 2010.04
鉴定人 魏春艳
复核人 印丽萍

形态特征：小穗孪生或3枚共生于穗轴节上。有柄者为雄性或中性，无柄者为两性，小穗背腹扁，具两颖，颖片革质，呈黄褐色、红褐色或紫黑色，有光泽，先端锐尖，第1颖背部近扁平，具2脊，脊上具短纤毛；第2颖舟形，脊上有短纤毛。小穗成熟时自颖之下脱落，内含2朵小花，第1小花外稃卵状披针形，膜质透明，边缘有毛，具3脉；第2小花外稃三角状披针形，膜质，顶端微2齿裂，中脉延伸齿间伸出成芒，芒长约3.5mm，有时呈小尖头而无芒，内稃小，线形，膜质透明，边缘有毛。颖果倒阔卵形或阔椭圆形，长约2 ~ 3.1mm，宽约1.4 ~ 1.8mm，顶端圆形，基部钝尖，背部拱圆，腹面扁平，果皮呈暗棕红色，表面无光泽；胚体大，近椭圆形，长约占果体1/2 ~ 2/3；脐小，圆形，呈黑褐色。

分布：山东、贵州、福建、吉林、河北、广西、北京、甘肃、安徽、江苏；欧洲、亚洲、非洲、美洲、大洋洲及太平洋岛屿等地区。

7.2 野稗

中文名 野稗
学 名 *Echinochloa crus-galli* (L.) Beauv.
截获来源 美国
采集人 胡长生
截获时间 2009.04
鉴定人 魏春艳
复核人 王金丽

形态特征：小穗背腹扁，具两颖，颖片质薄，第1颖三角形，长约为小穗的1/3 ~ 1/2，具3脉，包着小穗基部；第2颖与小穗等长，先端成小尖头，具7脉。小穗成熟时自颖之下脱落，内含2朵小花，第1小花退化，仅存内、外稃，外稃草质，顶端延伸成1粗糙的芒，芒长5 ~ 30mm，具7脉，脉上有硬刺状疣毛，脉间被短柔毛，内稃与外稃等长，膜质，具2脊，脊上粗糙；第2小花外稃革质，具5脉，表面平滑，有光泽，顶端渐尖成小尖头，边缘卷曲，紧包着同质内稃，内稃具 2 脊，脊上光滑无毛。颖果近卵形或椭圆形，长约 1.8mm，宽约 1mm，背部隆起，腹部扁平，果皮灰褐色，胚体大，长约占果体的 3/4 ~ 4/5，脐圆形，褐色，位于果实腹面基部。

分布：几乎遍布于全中国；全球温带和热带地区。

7.3 金色狗尾草

中 文 名　金色狗尾草
学　　名　*Setaria pomila* ssp. *pomila*
截获来源　美国
采 集 人　张少杰
截获时间　2011.05
鉴 定 人　魏春艳
复 核 人　王金丽

形态特征：本草小穗、小花及颖果的形态特征，与狗尾草 *Setaria viridis* (L.) Beauv. 极为相似，但主要异点在于：小穗基部刚毛呈金黄色或稍带紫色，小穗第 2 颖长约为小穗的 1/2，第 2 小花顶端尖，成熟时背部隆起，外稃表面有极明显的横皱纹。

分布：中国南北各省均有分布；原产于亚洲，分布于欧、亚大陆温带和热带，北美也有分布。

7.4 光头稗

中 文 名　光头稗
学　　名　*Echinochloa colona* (L.) Link.
截获来源　美国
采 集 人　张少杰
截获时间　2011.12
鉴 定 人　魏春艳
复 核 人　王金丽

形态特征：小穗背腹扁，具两颖，颖片质薄，第 1 颖三角形，具 3 脉，包着小穗基部；第 2 颖卵形，与小穗等长，先端渐尖成小尖头，具 7 脉，间脉不达基部。小穗成熟时自颖之下脱落，内含 2 朵小花，第 1 小花外稃与第 2 颖同形同质，边缘有硬毛，顶端具小尖头，内稃膜质，稍短于外稃，具 2 脊，第 2 小花外稃革质，顶端具小尖头，具 5 脉，表面平滑，边缘卷曲，紧包着同质内稃，内稃边缘膜质。颖果阔卵形，长 1.5 ~ 1.8mm，宽 1.2 ~ 1.3mm，背部拱圆，腹部扁平，呈乳白色，有腊质光泽；胚体大，长约占果体的 1/3 ~ 4/5，脐圆形，褐色，微凹，位于果实腹面基部。

分布：中国华东、华南、西南各省；全球温暖地区。

7.5 刺蒺藜草

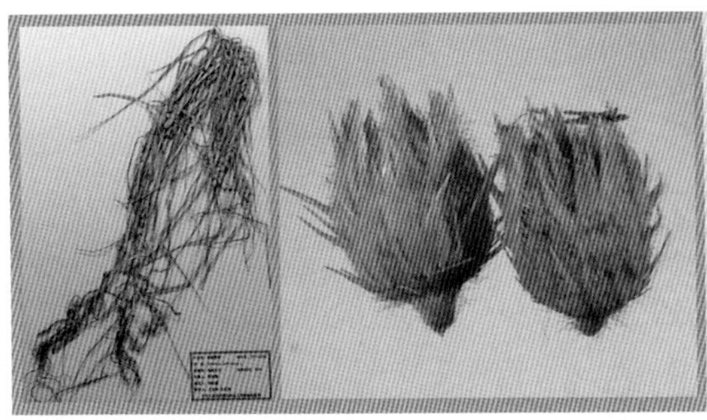

中文名　刺蒺藜草
学　名　*Cenchrus echinatus* L.
截获来源　美国
采集人　李艳丰
截获时间　2014.10
鉴定人　魏春艳
复核人　王金丽

形态特征：小穗 2 ~ 7 枚簇生于刺苞中，脱节于总苞的基部；苞长 3.8 ~ 4.2mm，宽 4.5 ~ 5.5mm，黄褐色；刺苞表面具长短粗细不一的向上直生的硬刺；小穗披针形或长卵圆形，无柄，长 3.5 ~ 5.8mm。第一颖微小，长约 2mm，外稃约与小穗等长，革质，卵状披针形，顶端尖，具 5 ~ 7 脉，包被于同质的内稃。颖果卵圆状椭圆形，长 2 ~ 3mm，宽 1.5 ~ 2mm，厚 0.8 ~ 1.5mm；淡黄褐色；背面凸圆，腹面扁平，两端钝圆，基部钝尖；花柱宿存。胚大而明显，椭圆形，约占颖果长度的 4/5。种脐位于腹面的基端，卵圆形，黑褐色，略凹入。

分布：根据《Flora of China》记载，我国福建、广东、海南、云南局部有分布；原产美国南部，美洲的中南部和西印度群岛，在欧洲、非洲、美洲、大洋洲、亚洲部分地区有分布。

（八）苋科 Amaranthaceae

8.1 反枝苋

中文名　反枝苋
学　名　*Amaranthus retroflexus* L.
截获来源　美国
采集人　张少杰
截获时间　2011.12
鉴定人　魏春艳
复核人　王金丽

形态特征：胞果包藏于宿存花被内，花被片披针形，顶端渐尖，背面中间脊状。胞果倒阔卵形或圆形，径长 1.5 ~ 2mm。果皮膜质，其上半部具有整齐皱纹，下半部平滑，先端具残存花柱 3 条，柱头内侧有细微的锯齿状毛。成熟时盖裂，内含 1 粒种子。种子倒阔卵形或近圆形，直径 1 ~ 1.2mm。两侧稍扁，呈双凸透镜形，边缘较薄成一圈窄带状周边，周边上有细微的颗粒状条纹，种皮黑色，具强光泽。种脐位于种子基部缺口处。种皮质硬，内含 1

环状胚，围绕着丰富的白色粉质胚乳（外胚乳）。

分布：中国东北、华北、西北；原产于热带美洲，广布于全世界。

（九）车前科 Plantaginaceae

9.1 长叶车前

中文名　长叶车前
学　名　*Plantago lanceolata* L.
截获来源　巴西
采集人　胡长生
截获时间　2009.09
鉴定人　魏春艳
复核人　王金丽

形态特征：蒴果椭圆形，果皮光滑，成熟时盖裂，内分 2 室，每室含 2 粒种子。种子椭圆形，呈舟状，长 2.5 ~ 3mm，宽 1.2 ~ 1.5mm。背面拱圆，腹面两侧向内卷曲，中间形成一条纵深宽沟，沟底中央有一呈褐色或黑褐色的疤痕（即种脐），种子含肉质胚乳，胚直生其中。

分布：全世界分布。辽宁(大连)、甘肃、新疆、山东(青岛、烟台)；江苏、浙江、江西、云南等地有栽培。生于海滩、河滩、草原湿地、山坡多石处或沙质地、路边、荒地。欧洲、俄罗斯(全境)、蒙古、朝鲜半岛、北美洲有分布。

（十）茄科 Solanaceae

10.1 粗刺曼陀罗

中文名　粗刺曼陀罗
学　名　*Datura ferox* L.
截获来源　阿根廷
采集人　胡长生
截获时间　2011.11
鉴定人　魏春艳
复核人　范晓虹

形态特征：种子长 4 ~ 5mm，淡紫色、灰色和黑色，背面平滑。种子表面明显内凹，凹穴大而多。种脐正三角形，或 T 型。胚所占面积明显多于胚乳。

分布：墨西哥、美国西南部。

10.2 刺萼龙葵

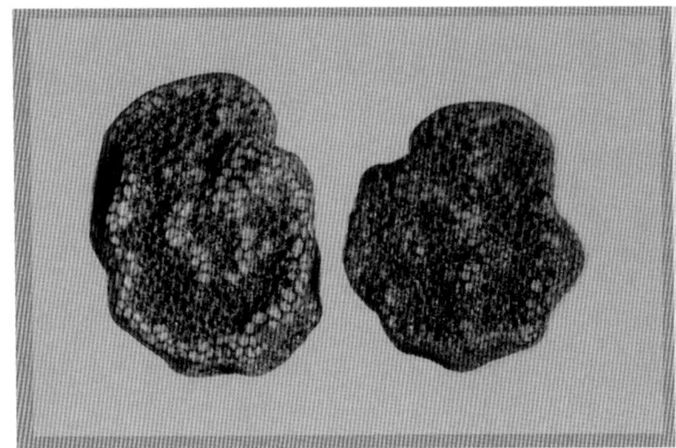

中文名 刺萼龙葵
学　名 *Solanum rostratum* Dunal.
截获来源 美国
采集人 张少杰
截获时间 2010.04
鉴定人 魏春艳
复核人 范晓虹

形态特征：浆果球形，径长约 10mm，被多刺的宿存花萼所包着，内含多数种子。种子阔卵形或卵状肾形，长约 2.8mm，宽约 2mm，扁状。种皮黑褐色，表面凹凸不平并布满蜂窝状凹坑。种脐呈圆孔状，位于种子一侧基端。种皮革质，胚近环状卷曲，埋在丰富的胚乳中。

分布：墨西哥、美国、俄罗斯、澳大利亚、加拿大、朝鲜半岛、南非、孟加拉、奥地利、保加利亚、捷克、德国、丹麦、新西兰。

（十一）旋花科 Convolvulaceae

11.1 小白花牵牛

中文名 小白花牵牛
学　名 *Ipomoea lacunosa* L.
截获来源 美国
采集人 胡长生
截获时间 2008.07、2009.06、2010.03、2010.06、2011.04、2012.06、2013.06
鉴定人 魏春艳
复核人 王金丽

形态特征：蒴果球形。种子三棱状阔卵形，长 4 ~ 5mm，宽 3.5 ~ 4mm。顶端钝尖，基部钝状，背面隆起，拱形，腹面中间突起，成脊棱，把腹部分为两个相等的斜侧面，平坦或微凹。种皮褐色至黑色，表面平滑无毛，有光泽。种脐较大，马蹄形，稍凹陷，脐部光滑无毛，位于种子腹面纵脊棱的下端。种皮革质，内含 1 折叠胚，子叶卷曲，其周围有少量胚乳。

分布：美国、加拿大。

11.2 裂叶牵牛

中文名	裂叶牵牛
学名	*Ipomoea hederacea* Jacquem
截获来源	美国
采集人	胡长生
截获时间	2008.07
鉴定人	魏春艳
复核人	王金丽

形态特征：蒴果近球形，果皮光滑无毛，成熟时三裂，内分 3 室，每室 2 粒种子。种子三棱状阔卵形，长 4.5 ~ 5.5mm，宽 3 ~ 3.5mm，具 3 棱，背面弓形，两侧面较平。中间有 1 条宽而浅的纵沟，两面之间隆起成纵脊状。种皮黑褐色，表面粗糙，无光泽，被短柔毛。种脐呈马蹄形，位于种子腹面纵脊的下端，稍凹陷，底部及其周围密生棕色的短茸毛。种皮革质，内含少量胚乳，胚折叠，子叶卷曲。

分布：中国各地；原产于美洲热带，现广布世界各国。

（十二）石竹科 Caryophyllaceae

12.1 王不留行

中文名	王不留行
学名	*Vaccaria segetalis* (Neck.) Garcke.
截获来源	美国
采集人	张少杰
截获时间	2011.12
鉴定人	魏春艳
复核人	王金丽

形态特征：胞果包藏于宿萼筒内，果皮光滑，成熟时四齿裂，内含多数种子。种子球形，径长约 2mm。种皮黑色或暗红褐色，表面有明显的小瘤突起，并以同心状排列。种脐圆形，呈白色，位于种子基端凹陷内。自种脐起直至种子顶端有一条狭窄而稍平的带痕，其中有 4 ~ 8 排小瘤状突起，呈平行排列。种皮质硬，内含 1 环状胚，淡黄色，围绕着腊质状的外胚乳（有时未成熟者为粉质状）。

分布：中国各省（除华南外）；欧、亚温带，北美及澳大利亚也有分布。

（十三）亚麻科 Linaceae

13.1 亚麻

中文名 亚麻
学 名 *Linum usitatissimum* L.
截获来源 德国
采集人 李伟
截获时间 2010.05
鉴定人 魏春艳
复核人 王金丽

形态特征：蒴果球形，成熟时顶端 5 瓣开裂，内分 5 室，每室 2 粒种子。种子扁倒卵形，长 4 ~ 4.5mm，宽约 2mm，顶端钝圆，基部钝尖。种皮红褐色或深褐色，表面平滑，有光泽，种子周边较薄，颜色较浅。种脐长形，位于种子一侧下端凹口处。种皮革质，内无胚乳，胚直生。

分布：全国各地皆有栽培，但以北方和西南地区较为普遍；原产地中海地区，现欧、亚温带多有栽培。

（十四）无患子科 Sapindaceae

14.1 倒地铃

中文名 倒地铃
学 名 *Cardiospermum halicacabum* L.
截获来源 巴西
采集人 胡长生
截获时间 2009.09
鉴定人 魏春艳
复核人 王金丽

形态特征：蒴果，果皮膨胀，呈倒卵状三角形，具三棱，先端平头状，外表常被柔毛，内分 3 室，成熟时 3 瓣裂，每果瓣含 1 粒种子。种子球形，径长 4 ~ 6mm。种皮灰黑色，表面粗糙、乌暗或稍有光泽。种子基部有一个大而极明显的心脏形假种皮，呈灰白色，在假种皮的基端有一小突起，其周围凹陷，而近凹陷处有一小黑点。种皮坚硬，内无胚乳，胚体大形，子叶卷曲。

分布：中国南部至海南岛有野生；原产于热带、亚热带。广布于热带地区，美国、印度、泰国、日本等有分布。

（十五）十字花科 Cruciferae

15.1 犁头菜

中文名　犁头菜
学　名　*Thlaspi arvense* L.
截获来源　美国
采集人　张少杰
截获时间　2010.04
鉴定人　魏春艳
复核人　王金丽

形态特征：短角果扁阔卵形，长 1.2 ~ 1.8cm，宽 1 ~ 1.6cm。果实顶端深凹，边缘有宽翅，果皮淡黄色，表面有 5 ~ 7 条平行的纵棱，有光泽，成熟时 2 瓣开裂，内含 4 ~ 12 粒种子。种子阔卵形，两侧扁，长约 2mm，宽约 1.5mm。种皮棕褐色，表面有 10 余条环状棱纹，环棱间有极细而密的横纹，并有光泽。种脐白色，位于种子基部凹陷内，种子无胚乳。

分布：中国各地；亚洲、欧洲、西伯利亚、北非、北美及澳洲。

（十六）大戟科 Euphorbiaceae

16.1 齿裂大戟

中文名　齿裂大戟
学　名　*Euphorbia dentata* Michx.
截获来源　美国
采集人　胡长生
截获时间　2009.09
鉴定人　魏春艳
复核人　徐瑛

形态特征：种子倒阔卵形，长约 2.5mm，宽约 2.1mm，背部拱圆，腹部略平坦。种皮暗红褐色，表面极粗糙，并有乳白色腊质状的颗粒所覆盖。种脐圆形，凹陷，位于种子基部，其外围有淡黄色呈圆形的种阜，覆盖着脐区的一半，内脐区位于种子顶端，圆形，微凹，黑褐色，内脐位其中央，稍突起，自种脐沿着种子腹部中间直至内脐区有条细线状种脊。种子含有丰富的胚乳，胚埋藏其中。

分布：北美洲。

16.2 白苞猩猩草

中文名	白苞猩猩草
学名	*Euphorbia heterophylla* L.
截获来源	巴西
采集人	胡长生
截获时间	2010.03
鉴定人	魏春艳
复核人	王金丽

形态特征：总苞钟状，高 2 ~ 3mm，直径 1.5 ~ 5mm，边缘 5 裂，裂片卵形至锯齿状，边缘具毛；腺体 1 枚，杯状，直径 0.5 ~ 1mm。雄花多枚；苞片线形至倒披针形；雌花 1 枚，子房柄不伸出总苞外；子房被疏柔毛；花柱 3；中部以下合生；柱头 2 裂。蒴果卵球状，长 5 ~ 5.5mm，直径 3.5 ~ 4.0mm，被柔毛。种子棱状卵形，长 2.5 ~ 3.0mm，直径约 2.2mm，被瘤状突起，灰色至褐色。

分布：四川、云南、中国台湾；原产于墨西哥，后扩展到加利福尼亚、得克萨斯及美洲中部，后作为观赏植物被引进到南亚、东南亚，成为印度、泰国的农田杂草。

（十七）败酱科 Valerianaceae

17.1 白花败酱

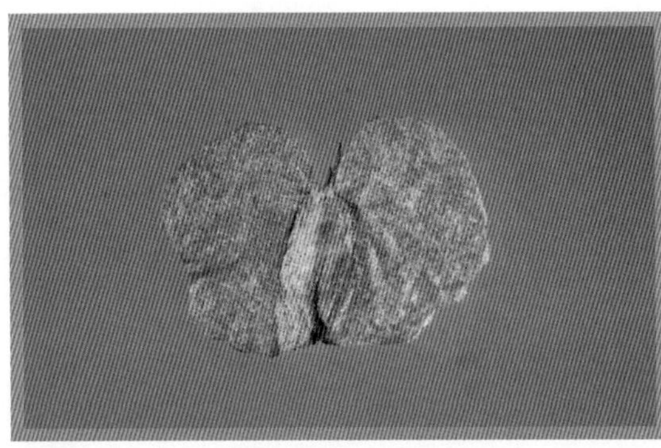

中文名	白花败酱
学名	*Patrinia villosa* (Thunb.) Juss.
截获来源	德国
采集人	郭建波
截获时间	2009.08
鉴定人	魏春艳
复核人	印丽萍

形态特征：地下茎细长，地上茎直立，密被白色倒生粗毛或仅两侧各有 1 列倒生粗毛。基生叶簇生，卵圆形，边缘有粗齿，叶柄长；茎生叶对生，卵形或长卵形，长 4 ~ 10cm，宽 2 ~ 5cm，先端渐尖，基部楔形，1 ~ 2 对羽状分裂，基部裂片小；上部不裂，边缘有粗齿，两面有粗毛，近无柄。伞房状圆锥聚伞花序，花序分枝及梗上密生或仅 2 列粗毛；花萼不明显；花冠白色，直径 4 ~ 6mm。瘦果倒卵形，基部贴生在增大的圆翅状膜质苞片上，苞片近圆形。

分布：中国北部、东部、中南和西南各省区。

第三章
线　　虫

1.1 伤残短体线虫

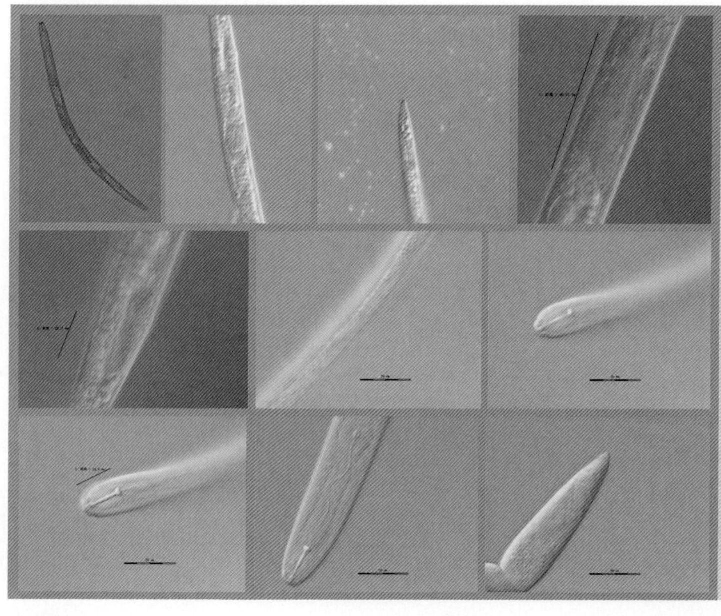

中文名	伤残短体线虫
学名	*Pratylenchus vulnus* Allen & Jesen
截获来源	日本
寄主	可寄生80余种植物，大多数为木本植物、落叶果树和坚果类植物（美国）、葡萄和桃树（欧洲和美国）
采集人	关铁峰
截获时间	2013.01
鉴定人	刘丽玲
复核人	边勇

形态特征：

雌虫：虫体细长，温和热杀死后虫体直伸，头区高连续，唇区有3～4条环纹，虫体内相当1个体环的宽度。口针基球宽圆形，有时前端呈杯状；中食道球卵形，较窄；排泄孔位于食道与肠交界处相对的位置；食道腺从腹面以一长叶状覆盖肠的前端。受精囊长形，充满圆形精子（雄虫普遍），具长的和分化的后阴子宫囊（长21～64μm），长度为阴门处体宽的2倍，侧区具4条侧线，外侧的侧线光滑或略呈锯齿状，中间2条靠近，侧区中间的带比两侧的带窄。尾锥形，尾尖细圆或亚锐尖，其上具1～2条环纹。

雄虫：常见，头区和食道的构造与雌虫相似。侧区在交合伞处终止，交合伞延伸到尾尖。交合刺弯曲，引带简单。

分布：国内未见报道；美国、欧洲（北部的温室内，南部未见报道）、澳大利亚、古巴、埃及、日本、印度、中美洲、菲律宾、爱尔兰、俄罗斯和南非。

1.2 拟松材线虫

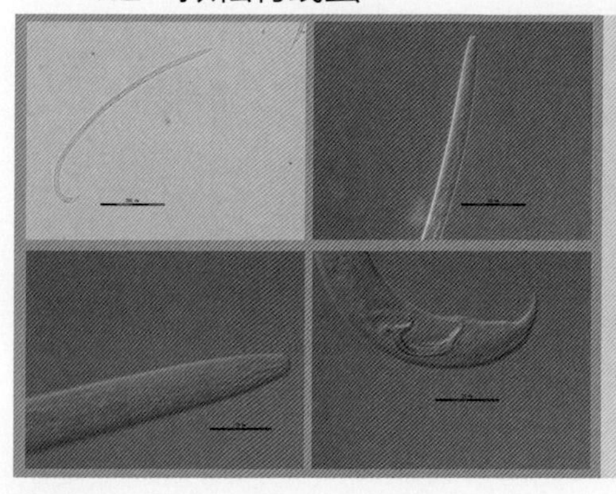

中文名	拟松材线虫
学名	*Bursaphelenchus mucronatus* Mamiya & Enda
截获来源	法国
寄主	针叶类木材
采集人	梁春、温有学
截获时间	2005.04
鉴定人	温有学
复核人	王金丽

形态特征：

雌虫：经缓慢加热杀死后，虫体向腹部微弯，纤细，表面光滑，有浅环纹，侧区侧线 4 条；唇区高，缢缩。内唇和外唇各 6 片。口针细，基部略膨大，中食道球为典型的滑刃型，占体腔的 2/3 以上，瓣门发达；神经环位于中食道球下方；背食道腺开口于中食道球内；后食道腺背侧长，覆盖肠，其长大约等于 4 倍体宽；排泄孔的位置大约与神经环平齐，靠近食道和肠交界处。半月体明显，位于排泄孔后 1 个体宽处。阴门有前阴门盖；单卵巢前伸，卵母细胞单列；后阴子宫囊长，约为肛阴距的 2/3，常见精子。尾端指状，或圆锥形，有尾尖突，端部尖锐，长度在群体中有差异，通常大于 2.5μm。

雄虫：热杀死后，虫体近似“J”形。头部和食道部分与雌虫相似。精巢前伸，不折叠；精子圆形，较大，直径 5 ~ 7μm；交合刺为典型的玫瑰刺形，近基部有明显的喙尖突；尾端有交合伞，交合伞的形状因地区等因素存在种群间差异。

分布：山东、辽宁、湖南、贵州、江西、安徽、浙江、广东、云南、江苏、上海、四川；广泛分布于亚洲、欧洲和北美洲。

第四章
软体动物

1.1 尖膀胱螺

中文名	尖膀胱螺
学　名	*Physa acuta* Draparnaud
截获来源	马来西亚
寄　主	主要以腐烂的植物，动物尸体和其他有机质为食，可浮着于水生植物上
采集人	韩冬、梁振宇
截获时间	2014.09
鉴定人	蔡阳
复核人	周卫川

形态特征：个体中等，左旋，壳口无厣。螺旋部高（3.882 ± 0.659）mm；壳口高（6.853 ± 1.438）mm；壳高（3.921 ± 0.803）mm；壳宽（6.237 ± 1.095）mm；壳口宽（3.081 ± 0.847）mm。具有 4 ~ 5 个螺层。体螺层极其膨大，具有一个短的螺旋部，壳质薄，壳表面大多呈黄褐色，略见部分花纹，极少数体螺层变成白色。其生长纹细致但不明显，部分螺有凹纹，壳口大，一般呈长椭圆形，周缘完整。具有 1 对尖而细长的触角。具有 1 对眼，位于触角基部，无柄。足较窄，前端略成圆形，后端尖细。

分布：吉林、黑龙江、内蒙古、湖北、广东、云南、江苏、陕西、山东、北京、中国香港、中国台湾；欧洲、北美洲、非洲、澳洲、亚洲。

第五章

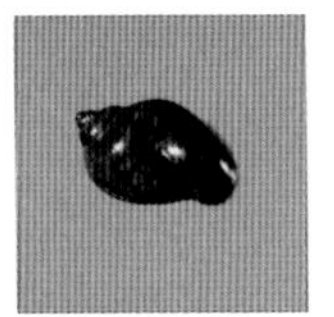

吉林局截获有害生物典型案例

一、从法国进口橡木截获大量有害生物

2005 年 4 月，吉林市某公司从法国进口了 19 个集装箱的橡木板材，共计约 260m^3。其进境证单完备，其中合同、原产国植物检疫证书、原产地证明及熏蒸消毒证书齐全。吉林局在对该进境木材进行检疫时，从木板中检出大量的有害生物，且在锯末中检出的虫量更为惊人，昆虫总量达 7.4 万余头。

后经筛选、整理、鉴定，有害生物种类多达 3 纲 13 目 57 科 107 种，包括林木害虫、大田害虫及仓储害虫等，以及植物种子、线虫、蜘蛛等。其中小蠹虫有 8 种，国内首次截获的种类包括：橡木小蠹 *Scolytus intricatus* Ratzeburg、桤毛小蠹 *Dryocoetes alni* Georg. 和林道梢小蠹 *Cryphalus saltuarius* Weise。天牛科有 8 种，包括天牛亚科 6 种，沟胫天牛亚科 2 种，其中国内无分布种类 5 种，国内无分布且首次截获的种类 4 种，即丽虎天牛 *Plagionotus detritus* (L.)、热带虎天牛 *Clytus tropicus* (Panzer)、栎红天牛 *Pyrrhidium sanguineum* (L.)、斯科天牛 *Cerambyx scopolii* Füessly。具体情况详见《植物检疫》2006 年第 4 期。

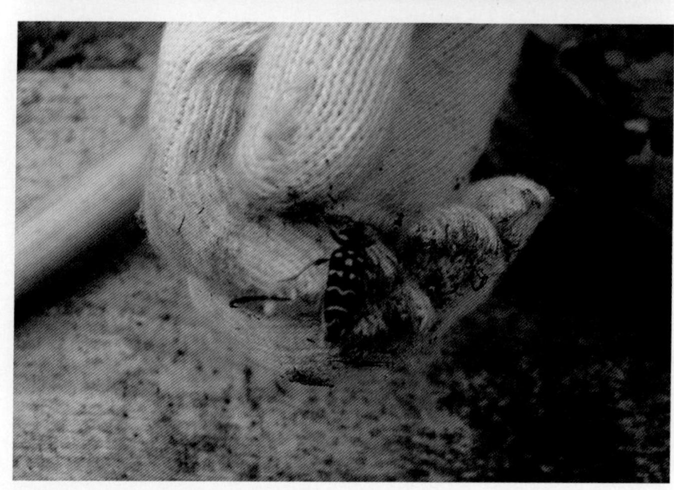

2005 年 5 月 20 日，针对上述事件，国家质检总局发布《关于进境木材传带检疫性林木害虫的警示通报》（国质检动函 [2005]346 号），要求各局要加强对进境原木和板材，特别是来自法国原木和板材的检验检疫工作，认真组织查验，一旦发现疫情，立即监督实施除害处理，防止林木有害生物传入。这次截获的有害生物数量之大、种类之多、危害之重实属罕见，尤其是检出大量国内无分布和国内首次截获的有害生物，进而更进一步说明了对进境木材检疫的必要性。

国家质量监督检验检疫总局

国质检动函[2005]346 号

关于进境木材传带检疫性林木害虫的警示通报

各直属检验检疫局：

2005 年 4 月 7 日，辽宁检验检疫局在进口德国原木中检出我国尚无分布的白桦楔天牛（*Saperda scalaris* L.）活成虫。4 月 12 日和 18 日，吉林检验检疫局在来自法国的板材中检出大量活的林木害虫，严重威胁我国农林业生产和生态安全。总局已向德国和法国有关部门通报，要求其采取改进措施。为防止有害生物随进境木材传入，根据《出入境检验检疫风险预警及快速反应管理规定》，现发布警示通报如下：

一、各局要加强对进境原木和板材，特别是来自德国和法国原木和板材的检验检疫工作，认真组织查验，一旦发现疫情，立即监督实施除害处理，防止林木有害生物传入。

二、在进境木材中发现疫情的，要立即将有关情况报总局。

三、本警示通报适用于HS编码前四位为 4403 和 4407 的进境商品。警示通报时限暂定 1 年。

中华人民共和国国家质量监督检验检疫总局

二〇〇五年五月二十日

二、从进境旅客携带羊毛中截获多种有害生物

2012年2月24日，吉林长白出入境检验检疫局口岸检疫人员在对朝鲜入境旅客携带物进行检疫查验过程中，发现羊毛1袋，约2.5kg。根据《中华人民共和国动植物检疫法》《出入境人员携带物检疫管理办法》等相关法律法规之规定，检疫人员对该批羊毛予以扣留，并向该名旅客讲明我国进出境有关法律法规的相关规定，该名旅客表示对执法人员的工作给予理解和配合。

随后，口岸检验检疫人员对该批羊毛进行了熏蒸处理，并对羊毛进行了检疫查验。通过检疫人员认真检疫，从该批羊毛中检出多种杂草种子和有害生物，经实验室鉴定为鬼针草 *Bidens bipinnata* L.、莴苣 *Lactuca sativa* L.、龙牙草 *Agrimonia pilosa* Ldb.、玉米象 *Sitophilus zeamais* Motschulsky 和绵羊虱蝇 *Melophagus ovinus* L.。

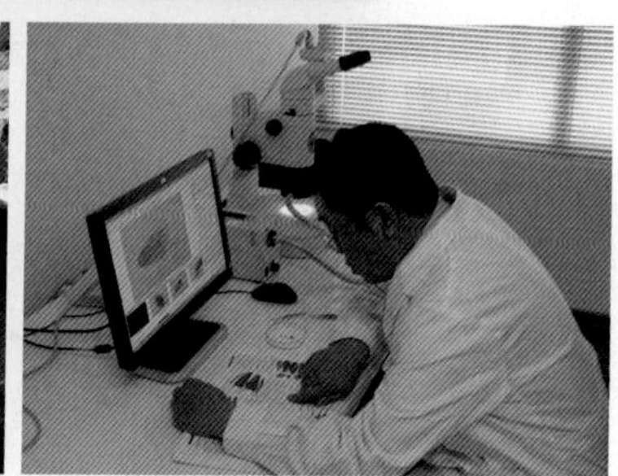

三、从吉林珲春口岸首次监测到马铃薯甲虫疫情

马铃薯甲虫 *Leptinotarsa decemlineata* (Say) 是世界上著名的毁灭性检疫害虫之一，该虫扩散速度为每年100km左右，如不及时扑灭和严密防控，一旦向我国马铃薯主产区传播蔓延开来，将严重威胁农业生产安全，损失不可估量。2013年7月，吉林珲春出入境检验检疫局在外来有害生物监测、调查过程中，发现了此疫情，引起了国务院和省政府有关领导的高度重视，并做出了重要批示。马铃薯甲虫为我国东北地区首次发现，也是中俄边境地区首次发现。

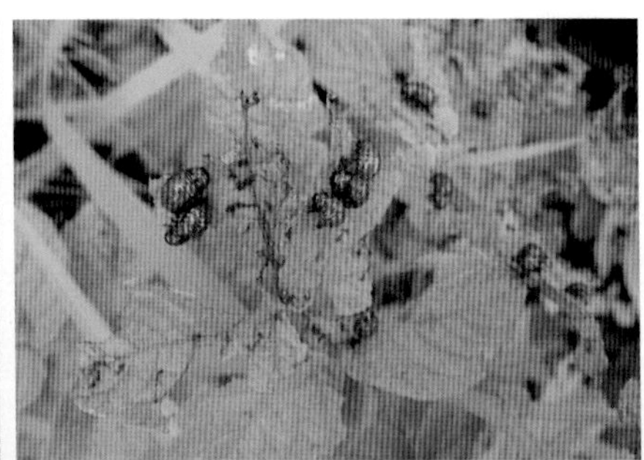

当时，吉林珲春出入境检验检疫局开展外来有害生物监测工作中，在珲春市春化镇下草帽顶子村西南处的一块马铃薯田中（面积约 300m^2），发现了疑似马铃薯甲虫幼虫。经监测人员现场初步鉴定，该虫约为 1 ~ 3 龄马铃薯甲虫幼虫。该地块被害植株约 5 ~ 6 株，虫口密度 20 ~ 50 头 / 株。地块大约位于东经 131° 12′ 12″，北纬 43° 14′ 57″，距中俄边界线最近直线距离约 1000m（数据来源于谷歌地图）。

后又在分水岭村一农户家后院菜园中（约 10m^2）发现了马铃薯甲虫成虫 1 头及卵块一片，约 20 枚，幼虫数头。另外，在该村南部大约 1000m 处的地块中（约 200m^2），也发现了马铃薯甲虫幼虫数头。上述两地块距中俄边境最近直线距离约 1000m（数据来源于谷歌地图）。

疫情发生后，吉林珲春出入境检验检疫局第一时间采取及时有效的扑灭措施，并会同地方有关部门进行联合调查，防止疫情扩散蔓延。同时，进一步加大调查摸排力度，扩大了排查范围，增派了监测人员，增加了调查密度。沿中俄珲春口岸公路两侧 10km 范围内进行了密集调查，排除了该虫由口岸传入的可能性，最终确认为自然迁飞传入。这一结论与后来中国科学院权威专家分析结果一致。

四、从进境国际包裹中截获巴西豆象

2014 年 9 月 9 日，吉林出入境检验检疫局检疫人员从来自印度的进境国际邮件中截获干辣椒及鱼干，检出 4 种活体昆虫。

经实验室鉴定，4 种活体昆虫分别为巴西豆象 *Zebrotes subfasciatus* (Boheman)、白腹皮蠹 *Dermestes maculatus* Degeer、赤足郭公虫 *Necrobia rufipes* (Degeer) 及谷蠹 *Rhyzopertha dominica* (Fabricius)。其中巴西豆象为《中华人民共和国进境植物检疫性有害

生物名录》公布的检疫性有害生物，通过国家质检总局植物疫情信息管理平台查询，为全国邮检口岸首次截获。

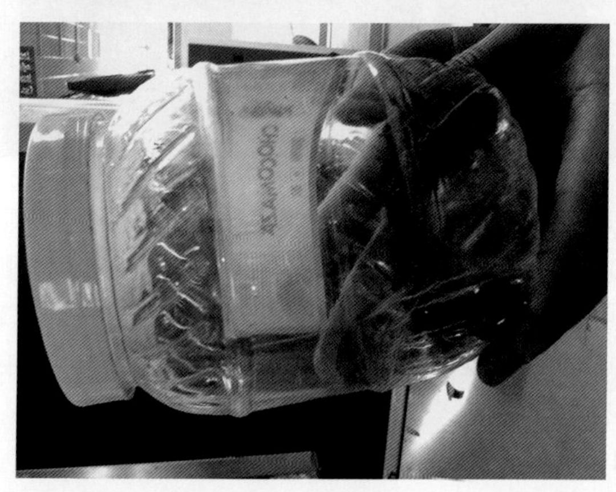

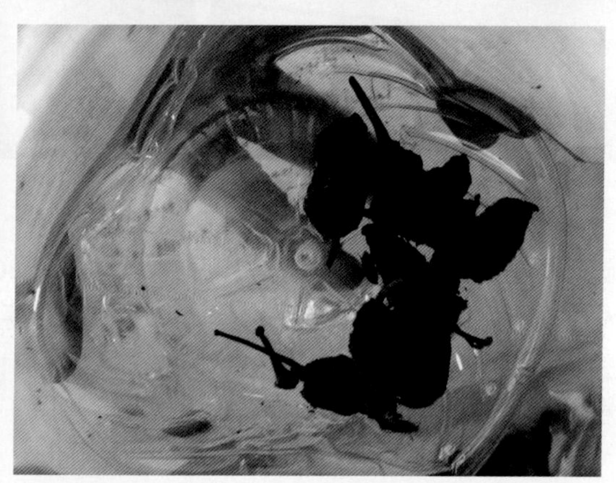

巴西豆象以幼虫蛀食豆类种子，主要在仓库内繁殖，对储藏的菜豆和豇豆危害尤其严重。成虫产卵于豆粒表面，卵牢固地黏附在种皮上，幼虫和蛹全部在被害豆粒内生活，这种习性使该虫很容易随寄主传播蔓延。在中美、墨西哥和巴拿马，此虫和菜豆象共同对菜豆造成的损失约为 35%。一旦传入我国，对豆类农作物将造成严重的损失。

五、从进境旅客携带豆类中截获菜豆象

2009 年 2 月 19 日，吉林长白出入境检验检疫局口岸检疫人员在对入境朝鲜边民携带物进行检查时，截获禁止进境物——菜豆种子 5kg，并发现少量菜豆中有虫孔。通过对菜豆过筛后检出昆虫 13 头，均为死亡成虫，后经实验室鉴定为进境植物检疫性有害生物——菜豆象 *Acanthoscelides obtectus* (Say)。为防止菜豆象从长白口岸传入我国，危害我国的农业生产，现场检验检疫人员按照《中华人民共和国进出境动植物检疫法》规定，将该批货物做高温除害处理。

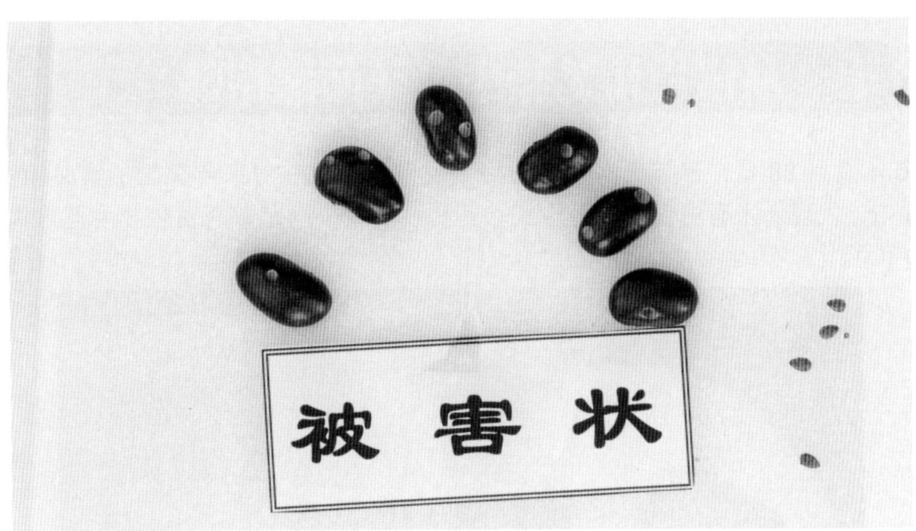

六、从进境集装箱中截获暗褐断眼天牛

2013 年 5 月 17 日，吉林出入境检验检疫局检疫人员在对德国进境集装箱进行检疫查验时，发现疑似天牛的活体有害生物。后经实验室检疫鉴定，截获的有害生物为暗褐断眼天牛 *Tetropium fuscum* Fabricius。

为了防止外来生物入侵带来的生态危害，以及外来疫病疫情随垃圾、医学媒介生物等传入我国境内，给公共卫生安全带来隐患，工作人员召集国内收货人及境外供货商的代理人召开现场工作会议，向其宣贯了我国相关的法律法规，并要求他们联系境外供货商，严查问题产生的原因、提供本次问题的情况说明和处理意见；随后对有问题的集装箱进行除害处理。

1999 年 3 月，加拿大新斯科舍省哈利法克斯暴发暗褐断眼天牛危害，上万株云杉被侵害，造成 400 多株云杉死亡。2000 年 12 月调查，又有 43 300 株云杉感染此虫。加拿大政府通过调查后得出结论，该天牛是通过包装材料从国外传入的。该种有害生物的严重危害已经引起世界各国的普遍重视，一旦扩散蔓延，将会对进口国带来极大的生态灾难。

七、从进境集装箱中截获蓝黑树蜂

2010 年 9 月 28 日，吉林出入境检验检疫局检疫人员在对来自德国的集装箱实施检验检疫过程中，发现外来有害生物。经送实验室检疫鉴定，确定该有害生物为蓝黑树蜂 *Sirex juvencus* (L.)。

为了消除外来生物入侵对我国生态环境造成重大损失的风险，该办按照《进境集装箱重箱检验检疫工作程序（试行）》，对以上现场进行了控制，拍照，取样；将截获的有害生物送实验室鉴定。同时召集境外供货商驻华代理、采购商、报检企业等单位，召开检疫查验现场会，使其亲临查验过程，目睹截获的有害生物，现身说法。要求其查清境外仓储、运输、转载等各个物流环节，在境外源头采取措施，杜绝此类事件的发生，并对检出物进行鉴定，对集装箱 / 货物实施了熏蒸处理。

八、从进境集装箱中截获黑双棘长蠹

2013 年 6 月 13 日，吉林出入境检验检疫局检疫人员在对来自德国的集装箱进行检疫查验时，发现活体有害生物。后经实验室检疫鉴定，截获的有害生物为检疫性有害生物——黑双棘长蠹 *Sinoxylon conigerum* Gerstacker。

为了防止外来生物入侵带来的生态危害，工作人员召集国内收货人及境外供货商的代理人召开现场工作会议，向其宣贯了我国相关的法律法规，并要求他们联系境外供货商，严查问题产生的原因、提供本次问题的情况说明和处理意见；随后对有问题的集装箱进行除害处理。

黑双棘长蠹是一种对木材危害极大、繁殖力极强的害虫，由于其食性复杂，能严重危害木材、竹材和藤材，被害木材表面可明显看到蛀孔，重则成蜂窝状，严重影响木材的经济价值，在国内尚无分布，一旦传入，将对我国林业生产形成潜在威胁。该属全世界约 50 种，是一类危害性较大的长蠹害虫，在我国有记录的仅 5 种，许多种该属害虫都在随着国际贸易的发展传播到世界各地，成为了世界性的害虫。

九、从进境旅客携带的红小豆中截获四纹豆象

2015 年 10 月 8 日，吉林出入境检验检疫局口岸检疫人员在对朝鲜入境车辆检疫查验时，在一名中国籍交通员工携带的红小豆中截获检疫性害虫——四纹豆象 *Callosobruchus maculatus* (Fabricius)。这是 2015 年来首次从入境旅客携带物中检出检疫性有害生物。

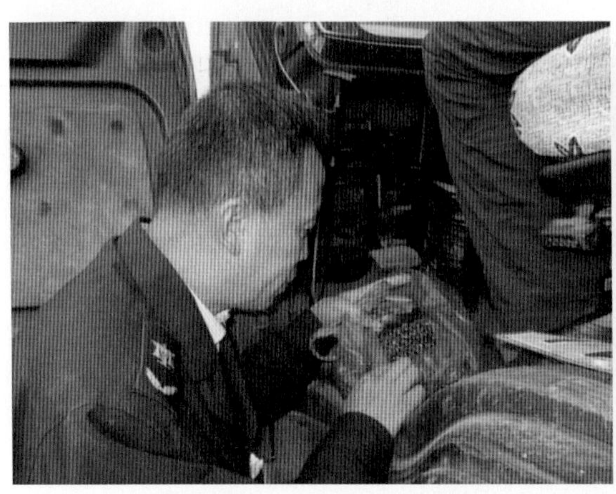

四纹豆象广泛分布于热带及亚热带地区，是一种世界性害虫，具有很强的适应性、抗逆性和繁殖能力，严重危害菜豆、豇豆、兵豆、大豆、木豆、豌豆、野豌豆及扁豆等，一般虫蛀率在 20% ~ 30%，最高可达 80% 以上。为防止有害生物传入，口岸检疫人员依照《出入境人员携带物管理办法》的规定，对该批红小豆进行了销毁处理。

十、从进境旅客携带番石榴中截获桔小实蝇

2013 年 9 月 4 日，吉林出入境检验检疫局检疫人员从入境旅客携带的番石榴中检出检疫性害虫——桔小实蝇 *Bactrocera* (*Bactrocera*) *dorsalis* (Hendel)。该昆虫的检出在我局尚属首次。

2013 年 8 月 7 日，检疫人员借助“一机双屏”查验手段，从台北入境的旅客携带物中，截获番石榴一批。经过培养后，发现番石榴表面存在可疑昆虫，便及时送往实验室检疫鉴定，最后鉴定为桔小实蝇。桔小实蝇广泛分布于世界各地，其幼虫在果内取食危害，常使果实未熟先黄脱落，严重影响产量和质量，危害的果实种类达 200 余种，被列为《中华人民共和国进境植物检疫性有害生物名录》中的检疫性有害生物之一。

十一、从进境大豆中截获多种检疫性杂草

2010 年 4 月，吉林出入境检验检疫局检疫人员从美国进境大豆中截获多种杂草种子，后经实验室鉴定，其中检疫性杂草有假高粱 *Sorghum halepense* (L.) Pers. 、刺萼龙葵 *Solanum rostratum* Dunal. 和豚草属 *Ambrosia*。

为保证现场取样具有代表性，现场检疫人员经常和实验室人员经常沟通与探讨，针对可能携带的有害生物进行研究分析，通过对大豆及其下脚料进行多点取样进行检测。本次截获的假高粱仅有一粒，就是从大豆下脚料中检出。现场检疫人员严谨、认真的工作态度，为提高截获率，严把国门发挥了重要的作用。

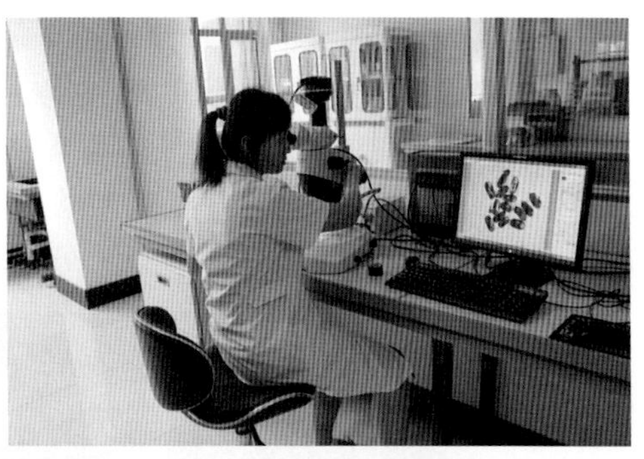

假高粱起源地为地中海，大约于 20 世纪 80 年代随进口粮食传入我国。混杂在粮食中的种子是假高粱远距离传播的主要途径。假高粱的根茎可以在地下扩散蔓延，也可以被货物携带向较远距离传播。假高粱子实混在进口粮中，每千克原粮中有的可高达 50 粒。以美国、阿根廷、澳大利亚和加拿大的小麦、大豆检出率最高，其次为巴西、阿根廷的大豆和玉米。混有假高粱的原粮，在装卸、转运和加工过程中，假高粱子实可由震动散落或留存于地脚粮而传播。假高粱发生主要集中在进口港区、车站台、铁路和公路沿线、粮库附近、粮食加工厂附近。

十二、从俄罗斯进境大豆中截获豚草种子

2013 年 7 月 1 日，吉林出入境检验检疫局口岸检疫人员从进口俄罗斯大豆中，截获检疫性杂草——豚草 *Ambrosia artemisifolia* L.，该杂草为该口岸首次截获。豚草能侵入各种农作物，吸肥能力和再生能力极强，在土壤中吸收很多的氮和磷，造成土壤干旱贫瘠，严重影响作物生长。检疫人员严密监管该批大豆进行过筛清选，并对筛下物进行焚烧处理。

十三、从进境国际包裹中首次截获多种植物病原真菌

2013 年 7 月，吉林出入境检验检疫局检疫人员从韩国邮寄到吉林的花卉、柿子、梨和

香港的活体植物枝条样品中截获 4 种致病性真菌。

经查询动植物检验检疫信息资源共享服务平台核实：芦笋茎枯病菌 *Phomopsis asparagi* (Sacc.) Bubák 为全国首次检出；梨形毛霉 *Mucor piriformis* Fischer、球黑孢 *Nigrospora sphaerica* (Sacc.) Mason 为全国邮检首次检出；大丽轮枝菌 *Verticillium dahliae* Kleb. 为吉林局首次检出的检疫性真菌。现场检疫人员已按规定对截获植物产品进行销毁。

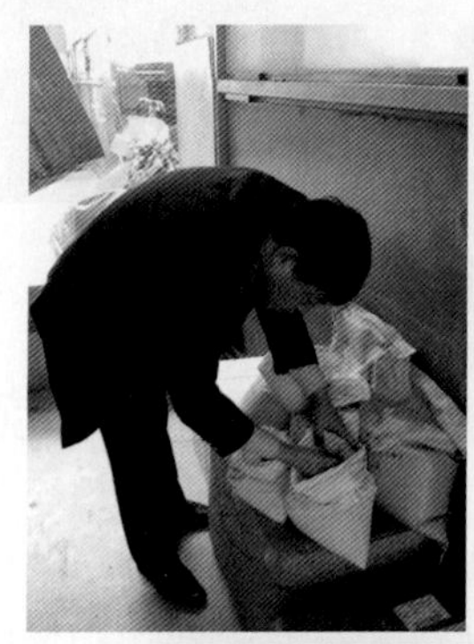

十四、从进境旅客携带水果中截获美澳型核果褐腐病菌

吉林出入境检验检疫局检疫人员借助“一机双屏”查验手段，从韩国入境的旅客携带物中，截获了 2 批次禁止进境的李子。经过培养，发现李子表面存在可疑病斑后，第一时间送往实验室检测鉴定，最后确定为美澳型核果褐腐病 *Monilinia fructicola* (Winter) Honey。

美澳型核果褐腐病被列为《中华人民共和国进境植物检疫性有害生物名录》中的检疫性有害生物之一。病菌主要危害蔷薇科果树，在核果类水果上发生最为严重。除危害李子外，还危害桃、油桃、樱桃、杏、苹果、梨和葡萄等水果。病菌主要侵染嫩枝、花和果实，造成花、花梗变褐、干枯和死亡，嫩枝溃疡、枯萎、死亡并垂挂在树上。果实受害通常在成熟期，绿色的幼果有时也可发病。开始成熟的果实受到侵染，最初在果实的表面出现暗色的斑点，随后很快发展为暗褐色病斑，大量灰褐色分生孢子梗束产生在腐烂的病斑表面，病果有时腐烂掉，有时腐烂组织会变得较为坚硬，病果仍挂在树上，最终干瘪成僵果。潮湿的气候

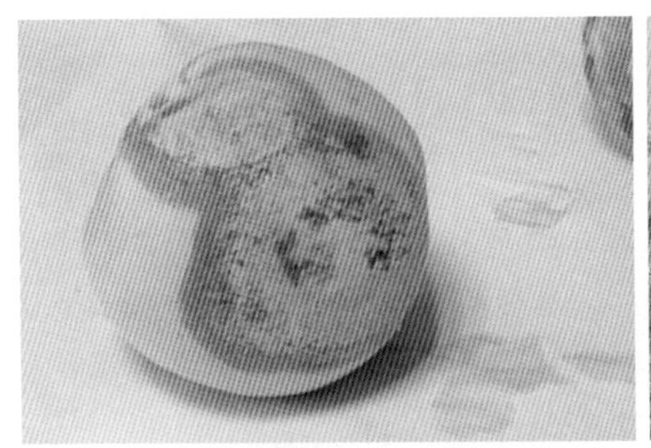
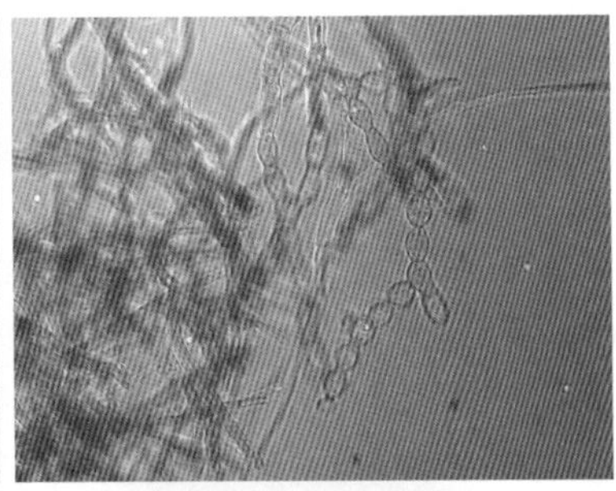

如雾天或雨天，病害发生严重；晚熟的品种易感病、腐烂。病菌可通过风、雨的飞溅做近距离传播扩散，某些昆虫，如黄猩猩果蝇也可传播病菌；远距离传播主要通过国际间的水果和种苗贸易。

十五、从进境旅客携带萝卜中截获萝卜黑腐病菌

2014 年 9 月，吉林出入境检验检疫局检疫人员从韩国进境旅客携带物中截获萝卜一批。经实验室检测鉴定，检出萝卜黑腐病菌 *Xanthomonas campestris pv. campestris* (Pammel) Dowson。该病菌是我国口岸首次发现。

十六、从进境葵花种子中首次截获烟草环斑病毒

2006 年 6 月，吉林出入境检验检疫局从塞尔维亚和国诺维萨特大田与蔬菜作物研究所进口的 3 批葵花种子中检出检疫性有害生物——烟草环班病毒 (tobacco ringspot virus , TRSV)。该病毒寄主范围很广，检疫人员已对该批货物及时销毁。当时，从进口葵花种子中检出该病毒还是首次。详见《植物检疫》(2007 年 27 卷第 1 期，41 页)。

通过此事件，给我们也敲响了警钟，加强进境种苗、花卉实验室检测工作意义重大。

十七、从进境旅客携带植物中截获伤残短体线虫

2013 年 1 月 27 日，吉林出入境检验检疫局检疫人员通过“一机双屏”从日本东京入境的旅客携带物中，截获了大量苗木和土壤。后经实验室分离鉴定，检出伤残短体线虫 *Pratylenchus vulnus* Allen & Jesen。

伤残短体线虫是一种重要的内寄生植物线虫，寄主广、危害重、世界分布，为《中华人民共和国进境植物检疫性有害生物名录》中有害生物之一。

十八、从进境邮寄水草中截获尖膀胱螺

2014 年 5 月 12 日，吉林出入境检验检疫局检疫人员在对入境邮寄物进行查验时，截获一批来自中国台湾的新鲜水草。经检查，在该批水草中发现 2 只蜗牛。后经实验室鉴定，确

认该蜗牛为尖膀胱螺 *Physa acuta* Draparnaud。

尖膀胱螺隶属软体动物门 Mollusca、腹足纲 Gstropoda、肺螺亚纲 Pulmonata、基眼目 Basommatophora、膀胱螺科 Physidae、膀胱螺属 *Physa*。尖膀胱螺的贝壳长卵圆形，表面光滑，螺旋部顶端尖锐，各螺层逐渐膨大，体螺层极其膨大。壳质薄而脆，表面大多呈黄褐色或黑褐色，极少数体螺层颜色变浅。壳口大，多数呈长椭圆形。

尖膀胱螺在欧洲、北美洲、非洲、澳洲、亚洲等地都有大量发现，在我国系外来入侵物种，最早见于吉林、黑龙江，以后陆续在内蒙古、湖北、广东、云南、江苏、陕西、山东、北京以及中国香港和中国台湾发现。该螺喜生活在淡水河流、湖泊、池塘以及沼泽地中，主要以腐烂的植物、动物尸体和其他有机质为食，可附着于水生植物上，对河流造成严重污染。尖膀胱螺也是广州管圆线虫 *Angiostrongylus cantonensis* 和卷棘口吸虫 *Echinostoma revolutum* 的中间寄主，这两种寄生虫能够引起人畜共患的多种疾病。

参考文献

[1] 梁春，王洪军，王金丽 . 吉林局首次截获断纹尼虎天牛 [J]. 植物检疫，2001，15（5）: 284-285.

[2] 魏春艳，梁春，王伟利，等 . 吉林局从进境橡木上截获的 8 种天牛 [J]. 植物检疫，2010，24（5）: 37-39.

[3] 魏春艳，王志明，刘金华，等 . 吉林局从进境橡木上截获的 8 种小蠹虫 [J]. 植物检疫，2009，23（1）:36-38.

[4] 魏春艳，王金丽，刘金华，等 . 吉林局从进口葵花种子中截获烟草环斑病毒 [J]. 植物检疫，2007，27（1）：41.

[5] 魏春艳，刘阳，陈新，等 . 国内储藏物内豆象科昆虫概述 [J]. 中国农业杂志，2011，4（11）：70-72.

[6] 洪泽源，魏春艳，郭建波，等 . 小蠹雄性生殖器玻片标本制作技巧 [J]. 安徽农业科学，2010，38（10）：5125.

[7] 陈新，魏春艳，任炳忠，等 . 豆象属昆虫检疫重要性概述 [J]. 植物检疫，2013，27（1）：63-67.

[8] 温有学，梁春，李长志，等 . 从进境橡木中检出黑胸树皮扁虫 [J]. 植物检疫，2006，20（5）：330.

[9] 张宏业，梁春，李长志，等 . 从法国进口橡木截获大量有害生物探析 [J]. 植物检疫，2006，20（4）：263-264.

[10] 李莉 . 中国检验检疫数字标本图录Ⅰ [M]. 北京：电子工业出版社，2014.

[11] 许佩恩，能乃扎布 . 蒙古高原天牛彩色图谱 [M]. 北京：中国农业大学出版社，2007.

[12] 肖刚柔 . 中国森林昆虫 [M]. 北京：中国林业出版社，1992.

[13] 管维，王章根，陈定虎 . 栎红天牛 [J]. 植物检疫，2006，20（4）：227-228.

[14] 殷蕙芬，黄复生，李兆麟 . 中国经济昆虫志（第二十九册），鞘翅目，小蠹科 [M]. 北京：科学出版社，1984.

[15] 林业部森林病虫害防治总站 . 林木小蠹虫 [M].1991.

[16] 杨星科 . 外来入侵种强大小蠹 [M]. 北京：中国林业出版社，2005.

[17] 国家林业局森林病虫害防治总站 . 中国林业有害生物概况 [M]. 北京：中国林业出版社，2008.

[18] 陈乃中 . 中国进境植物检疫性有害生物——昆虫卷 [M]. 北京：中国农业出版社，2009.

[19] 肖刚柔 . 拉汉英昆虫、蜱螨、蜘蛛、线虫名称 [M]. 北京：中国林业出版社，1997 .

[20] 袁克，杜国兴 . 进口木材小蠹虫鉴定图谱 [M]. 上海：上海科学技术出版社，2007.

[21] 杨海芳，周卫川，钱周兴，等 . 浙江发现重要外来入侵物种——尖膀胱螺 [J]. 植物检疫，2014，28（3）：63-65.

[22] 马军国，李效宇 . 尖膀胱螺的生物学特征及光照对其生长繁殖影响的初步研究 [J]. 四川动物，2012，31(5)：763-767.

[23] 郭云海，王承民，罗静，等 . 北京发现尖膀胱螺 [J]. 动物学杂志，2009，44（2）：127-128.

[24] 王直诚 . 中国天牛图志 [M]. 北京：科学技术文献出版社，2014.

[25] 李明福，相宁，朱水芳 . 中国进境植物检疫性有害生物——病毒卷 [M]. 北京：中国农业出版社，2013.

[26] 严进，吴品珊 . 中国进境植物检疫性有害生物——菌物卷 [M]. 北京：中国农业出版社，2013.

[27] 郭文超，谭万忠，张青文 . 重大外来入侵害虫马铃薯甲虫生物学、生态学与综合防控 [M]. 北京：科学出版社，2013.

[28] 杨长举，张宏宇 . 植物害虫检疫学（第二版）[M]. 北京：科学出版社，2009.

[29] 王直诚 . 东北天牛志 [M]. 吉林：吉林科学技术出版社，2003.

[30] 华立中 . 拉汉英中国昆虫名称 [M]. 广州：中山大学出版社，2013.
[31] 顾忠盈，吴新华 . 木质包装有害生物检疫鉴定 [M]. 上海：上海科学技术出版社，2009.
[32] 安榆林 . 外来森林有害生物检疫 [M]. 北京：科学出版社，2012.
[33] 华立中，[日] 奈良一，[美]G.A. 塞缪尔森，[美]S.W. 林格费尔特 . 中国天牛 (1406 种) 彩色图鉴 [M]. 广州：中山大学出版社，2009.
[34] 袁克，杜国兴 . 进口木材小蠹虫鉴定图谱 [M]. 上海：上海科学技术出版社，2007.
[35] 李照会 . 农业昆虫鉴定 [M]. 北京：中国农业出版社，2002.
[36] 陈仲梅，齐桂臣 . 拉汉英农业害虫名称 [M]. 北京：科学出版社，1999.
[37] 郭琼霞，黄可辉 . 农业杂草名录 [M]. 北京：中国农业出版社，2006.
[38] 李成德 . 森林昆虫学 [M]. 北京：中国林业出版社，2006.
[39] 华立中 .List of Chinese Insect Vol. Ⅰ [M]. 广州：中山大学出版社，2000.
[40] 华立中 .List of Chinese Insect Vol. Ⅱ [M]. 广州：中山大学出版社，2002.
[41] 华立中 .List of Chinese Insect Vol. Ⅲ [M]. 广州：中山大学出版社，2005.
[42] 华立中 .List of Chinese Insect Vol. Ⅳ [M]. 广州：中山大学出版社，2006.
[43] 章正 . 植物种传病害与检疫 [M]. 北京：中国农业出版社，2011.
[44] 张守润，杨福林 . 植物学 [M]. 北京：化学工业出版社，2008.
[45] 华立中 . 国外天牛鉴定资料 [M]. 广州：中山大学出版社，2002.
[46] 嘉理思 . 中国天牛科检索表 [M]. 广州：中山大学出版社，1983.
[47] 虞国跃 . 瓢虫瓢虫 [M]. 北京：化学工业出版社，2008.
[48] http://www.cerambyx.uochb.cz/cerscop.htm.
[49] http://www.cerambyx.uochb.cz/ct.htm.
[50] http://baike.baidu.com/view/1904961.htm.
[51] http://baike.baidu.com/view/1904961.htm.
[52] http://frps.eflora.cn/frps/Datura.
[53] http: //frps.eflora.cn/frps/%e7%99%bd%e8%8b%9e%e7%8c%a9%e7%8c%a9%e8%8d%89.
[54] http://www.bioinfo.cn/zwwz.php?v=y&ID=31658.
[55] http://baike.baidu.com/view/507565.htm?fr=aladdin.
[56] http://www.aqsiq.gov.cn/zjxw/dfzjxw/dfftpxw/201307/t20130715_366517.htm.
[57] SN/T 1178-2003 马铃薯甲虫检疫鉴定方法 .
[58] SN/T 1438-2004 稻水象甲检疫鉴定方法 .
[59] SN/T 2377-2009 四纹豆象检疫鉴定方法 .
[60] SN/T 1278-2003 巴西豆象的检疫和鉴定方法 .
[61] GB/T 28074-2011 苹果蠹蛾检疫鉴定方法 .
[62] SN/T 2031-2007 桔小实蝇检疫鉴定方法 .
[63] SN/T 2053-2008 家木小蠹检疫鉴定方法 .
[64] SN/T 1821-2006 双钩异翅长蠹检疫鉴定方法 .
[65] SN/T 1146.2-2009 烟草环斑病毒分子生物学检测方法 .
[66] SN/T 1842-2006 美丽猪屎豆检疫鉴定方法 .
[67] SN/T 2373-2009 豚草属检疫鉴定方法 .
[68] SN/T 1362-2011 假高粱检疫鉴定方法 .
[69] GB/T 28088-2011 刺萼龙葵检疫鉴定方法 .
[70] SN/T 2017-2007 拟松材线虫检疫鉴定方法 .
[71] SN/T 2013-2007 暗褐断眼天牛检疫鉴定方法 .

[72] GB/T 24828-2009 穿刺根腐线虫检疫鉴定方法 .

[73] 徐瑛，张建成，陈先锋，等 . 白苞猩猩草鉴定及其检疫意义 [J]. 植物检疫，2006，20（4）：223-225.

[74] 车晋滇，胡彬 . 外来入侵杂草意大利苍耳 [J]. 杂草科学，2007（2）：58-60.

[75] 王建书，李扬汉 . 假高粱与同属几种植物的形态学比较 [J]. 植物检疫，1994，8（4）：193-197.

[76] 袁小东，朱小艳，李向东 . 松材线虫和拟松材线虫的几种鉴别方法 [J]. 江西林业科技，2009，（6）：31-34.

[77] 魏素珍，史延梅，陈凤毛 . 拟松材线虫及其致病性 [J]. 安徽农业科学，2010，38（36）：20 666-20 667.

[78] 刘维志 . 植物线虫志 [M]. 北京：中国农业出版社，2004.

[79] 周明洁，任桂芳，王志良 . 警惕危害白皮松的新害虫——中穴星坑小蠹 [J]. 中国森林病虫，2012，31（6）：30-31.

[80] 李子忠，汪廉敏 . 贵州农林昆虫志，卷 4，同翅目：叶蝉科 [M]. 贵阳：贵州科技出版社，1992.

[81] 蔡振声，史先鹏，徐培河 . 青海经济昆虫志 [M]. 西宁：青海人民出版社，1994.

[82] 中国科学院中国动物志编辑委员会主编，韩运发编著 . 中国经济昆虫志，第 55 册，缨翅目 [M]. 北京：科学出版社，1997.

[83] 张宏伟，杨廷桂 . 动物寄生虫病 [M]. 北京：中国农业出版社，2006.

[84] 王小奇，方红，张治良 . 辽宁甲虫原色图鉴 [M]. 沈阳：辽宁科学技术出版社，2012.

[85] 李隆术，朱文炳 . 储藏物昆虫学 [M]. 重庆：重庆出版社，2009.

[86] 商业部商业储运局 . 仓库害虫防治图册 [M]. 北京：中国财政经济出版社，1985.

[87] 车晋滇 . 中国外来杂草原色图鉴 [M]. 北京：化学工业出版社，2010.

[88] 姚文国，崔茂森 . 马铃薯有害生物及其检疫 [M]. 北京：中国农业出版社，2001.

[89] 黄冠胜 . 中国外来生物入侵与检疫防范 [M]. 北京：中国质检出版社，中国标准出版社，2014.

[90] 陈乃中，沈佐锐 . 水果果实害虫 [M]. 北京：中国农业科学技术出版社，2002.

[91] 孟庆繁，高文韬 . 长白山访花甲虫 [M]. 北京：中国林业出版社，2008.

[92] 陈升毅 . 进境林木种苗检疫图鉴 [M]. 北京：中国农业出版社，2013.

[93] 陈志粦 . 长蠹科害虫检疫鉴定 [M]. 北京：中国农业出版社，2011.

[94] 李湘涛 . 昆虫博物馆 [M]. 北京：时事出版社，2006.

[95] 乔治·C. 麦加文 . 昆虫 [M]. 北京：中国友谊出版公司，2005.

[96] 廖力，徐森锋，王星 . 中国进境植物检疫性蛾类图鉴 [M]. 广州：南方出版传媒，广东科技出版社，2014.

[97] 中国科学院中国动物志编辑委员会主编 . 中国经济昆虫志，第 11 册，鳞翅目，卷蛾科 1[M]. 北京：科学出版社，1977.

[98] 刘巨元 . 内蒙古仓库昆虫 [M]. 北京：中国农业出版社，1997.

[99] 贺水山，吴蓉 . 浙江口岸截获重要有害生物图鉴 [M]. 北京：中国科学技术出版社，2007.

[100] 席德清 . 粮食大辞典 [M]. 北京：中国物资出版社，2009.

[101] 湖南省林业科学研究所编 . 昆虫分类属种检索表，上 [M]. 长沙：湖南省林业科学研究所，1981.

[102] http://a2.att.hudong.com/02/51/20300000213598133454512831903.jpg

[103] 陈乃中 . 黑角负泥虫 [J]. 植物检疫，1996，10（1）：42-44.

[104] 张金平，张峰，钟永志，等 . 茶翅蝽及其生物防治研究进展 [J]. 中国生物防治学报，2015，31（2）：166-175.

[105] 萧采瑜 . 中国蝽类昆虫鉴定手册，第 2 册，半翅目异翅亚目 [M]. 北京：科学出版社，1981.

[106] 范晓虹，徐瑛，陈克，等 . 恶性杂草阿洛葵及其传入风险评估 [J]. 植物检疫，2012，26（1）：36-39.

[107] 关广清，张玉茹，孙国友，等 . 杂草种子图鉴 [M]. 北京：科学出版社，2000.

[108] 印丽萍，颜玉树 . 杂草种子图鉴 [M]. 北京：中国农业科技出版社，1996.

[109] 郭琼霞 . 杂草种子彩色鉴定图鉴 [M]. 北京：中国农业出版社，1997.

[110] 陈耀溪 . 仓库害虫 [M]. 北京：中国农业出版社，1984.
[111] 陈启宗，黄建国 . 仓库昆虫图册 [M]. 北京：科学出版社，1985.
[112] 郑州粮食学院，吉林财贸学院 . 仓库昆虫学 [M]. 北京：中国财政经济出版社，1985.
[113] 刘巨元，张生芳，刘永平 . 内蒙古仓库昆虫 [M]. 北京：中国农业出版社，1997.
[114] 姚康 . 仓库害虫及益虫 [M]. 北京：中国财政经济出版社，1986.
[115] 白旭光 . 储藏物害虫与防治 [M]. 北京：科学出版社，2008.
[116] 李隆术，朱文炳 . 储藏物昆虫学 [M]. 重庆：重庆出版集团、重庆出版社，2009.
[117] 张生芳，刘永平，武增强 . 中国储藏物甲虫 [M]. 北京：中国农业科学技术出版社，1998.
[118] 徐国淦 . 仓储害虫检疫 [J]. 粮食储藏，1991，20（1）：22-24.
[119] 徐海根，强胜 . 中国外来入侵物种编目 [M]. 北京：中国环境科学出版社，2004.
[120] 黄冠胜 . 中国外来生物入侵与检疫防范 [M]. 北京：中国质检出版社，中国标准出版社，2014.
[121] 蔡波，徐卫，敖苏，等 . 海南口岸首次从希腊进境船舶上截获巴西豆象 [J]. 植物检疫，2014（2）：47.
[122] 何春光，王虹扬，盛连喜，等 . 吉林省外来物种入侵特征的初步研究 [J]. 生态环境，2004，13（12）：197-199.
[123] 李隆术，赵志模 . 我国仓储昆虫研究和防治的回顾与展望 [J]. 昆虫知识，2000，37（2）：84-88.
[124] 严晓平，周浩，沈兆鹏，等 . 中国储粮昆虫历次调查总结与分析 [J]. 粮食储藏，2008，37（6）：3-10.
[125] 赵养昌 . 中国仓库害虫 [M]. 北京：科学出版社，1966.
[126] 郑州工学院粮油工业系 . 贮粮害虫图册 [M]. 北京：科学出版社，1975.
[127] 赵养昌，李鸿兴，高锦亚 . 中国仓库害虫区系调查 [M]. 北京：中国农业出版社，1982.
[128] 刘永平，张生芳 . 中国仓储品皮蠹害虫 [M]. 北京：中国农业出版社，1988.
[129] 陈启宗 . 我国蛾类仓库害虫的鉴别 [M]. 北京．中国农业出版社，1988.
[130] 中国药材公司 . 中药材仓虫图册 [M]. 天津：天津科学技术出版社，1990.
[131] 冯平章，郭予元，吴福桢 . 中国蟑螂种类及防治 [M]. 北京：中国科学技术出版社，1997.
[132] 张生芳，施宗伟，薛光华，等 . 储藏物甲虫鉴定 [M]. 北京：中国农业科学技术出版社．2004.
[133] 张生芳，陈洪俊，薛光华 . 储藏物甲虫彩色图鉴 [M]. 北京：中国农业科学技术出版社，2008.
[134] 王殿轩，白旭光，周玉香，等 . 中国储粮昆虫图鉴 [M]. 北京：中国农业科学技术出版社，2008.
[135] 李隆术，朱文炳 . 储藏物昆虫学 [M]. 重庆：重庆出版集团，重庆出版社，2009.
[136] 高渊，林亚静，花长红，等 . 苏州口岸截获的储藏物甲虫分析 [J]. 安徽农业科学，2013，41（7）：2965-2966，3021.
[137] http://www.moa.gov.cn/zwllm/tzgg/gg/201107/t20110714_2053049.htm.
[138] http://www.moa.gov.cn/zwllm/tzgg/gg/201209/t20120924_2948600.htm.
[139] http://www.moa.gov.cn/zwllm/tzgg/gg/200902/t20090205_1212924.htm.
[140] http://www.moa.gov.cn/zwllm/tzgg/gg/201303/t20130321_3372410.htm.
[141] http://www.moa.gov.cn/zwllm/tzgg/gg/201011/t20101126_1779838.htm.
[142] http://www.moa.gov.cn/zwllm/tzgg/gg/200706/t20070604_827310.htm.
[143] 吕佩珂，苏慧兰，庞震，等 . 中国现代果树病虫原色图鉴全彩大全版 [M]. 北京：化学工业出版社，2013.

附录1　2012~2015年吉林出入境检验检疫局从旅邮检中截获植物病原真菌名录

1. 鸭梨黑斑病菌 *Alternaria alternate* (Fries) Keissler
2. 苹果链格孢菌 *Alternaria mali* Roberts
3. 樱桃链格孢 *Alternaria cerasi* Potebnia
4. 瓜链格孢菌 *Alternaria cucumerina* (Ellis. et Everhart.) Elliott
5. 芒果曲霉病菌 *Aspergillus niger*
6. 出芽短梗霉 *Aureobasidium pullulans* (de Bary) Arn.
7. 茄链格孢菌 *Alternaria solani* (Ellis et Martin) Sorauer
8. 葡萄溃疡病病菌 *Botryosphaeria dothidea* (Moug.) Ces. et De Not.
9. 枝状枝孢菌 *Cladosporium cladosporioides* (Fresen.) de vries
10. 果产核盘菌 *Clerotinia fructigena* Aderh. et Ruhl.
11. 尖孢炭疽菌 *Colletotrichum acutatum* Simmonds
12. 辣椒炭疽菌 *Colletotrichum capsici* (Syd.)
13. 镰孢赤腐菌 *Colletotrichum falcatum* Went
14. 芒果炭疽病菌 *Colletotrichum gloeosporioides* Penz.
15. 瓜棒孢霉菌 *Corynespora cassiicola* (Berk et curt) Wei
16. 禾谷镰刀菌 *Fusarium graminearum* Schw.
17. 串珠镰刀菌 *Fusarium moniliforme* (Sheld.) S. et H.
18. 尖孢镰刀菌 *Fusarium oxysporum* Schlecht
19. 甜瓜枯萎病菌 *Fusarium oxysporum* (Schl .) f . Sp. Melonis
20. 半裸镰刀菌 *Fusarium semitectum* Berk. et Rav.
21. 茄病镰刀菌 *Fusarium solani* (Mart.) Sacc.
22. 柿黑星孢 *Fusicladium kaki* Hori et Yoshino
23. 白地霉 *Geotrichum candidum* Link
24. 苹果炭疽病菌 *Glomerella cingulata* (Stonem) Spauld et Schrenk
25. 柑桔落叶盘长孢菌 *Gloeosporium foliicolum* Nishida
26. 柿盘长胞菌 *Gloeosporium kaki* Hori
27. 桃炭疽病菌 *Gloeosporium laeticolor* Berk.
28. 香蕉盘长孢菌 *Gloeosporium musarum* Cke. et Mass.
29. 果生链核盘菌 *Monilinia fructigena* (Aderh. et Ruhl.) Honey
30. 美澳型核果褐腐病菌 *Monilinia fructicola* (Winter) Honey
31. 桃褐腐病菌 *Monilinia laxa* (Aderh. et Ruhl.) Honey
32. 梨形毛霉 *Mucor piriformis* Fischer
33. 稻黑孢菌 *Nigrospora oryzae* (Berk. et Br.) Petch
34. 球黑孢 *Nigrospora sphaerica* (Sacc.) Mason

35. 普通青霉菌 *Penicillium commune*
36. 指状青霉菌 *Penicillium digitatum*
37. 番茄青霉果腐病菌 *Penicillium expansum*(Link) Thom
38. 鲜绿青霉 *Penicillium viridicatum* Westling
39. 番木瓜黑团孢霉病菌 *Periconia byssoides* Pers. ex Schw.
40. 盘多毛孢属 *Pestalotia* de Not.
41. 番木瓜叶点霉 *Phyllosticta papayae* Saccardo
42. 柑橘叶点霉菌 *Phyllosticta citri* Hori
43. 苹果叶点霉菌 *Phyllosticta* sp.
44. 芦笋茎枯病菌 *Phomopsis asparagi* (Sacc.) Bubák
45. 黑根霉 *Rhizopus nigricans* Ehrenb
46. 立枯丝核菌 *Rhizoctonia solani* Kühn
47. 果生核盘菌 *Sclerotinia fructicola* (Wint.) Rehm
48. 苹果环黑星孢 *Spilocaea pomi* Fr.
49. 粉红单端孢 *Trichothecium roseum* Lk. ex Fr.
50. 大丽轮枝菌 *Verticillium dahliae* Kleb.
51. 萝卜黑腐病菌 *Xanthomonas campestris pv.campestris* (Pammel) Dowson

附录 2　吉林出入境检验检疫局标本馆

後記
POSTSCRIPT
後記 POSTSCRIPT
一路走来，抚今追昔，一件标本就是一段历史，一件标本就是一段回忆，吉林出入境检验检疫局多年波澜起伏的业务发展历程在这里积淀、升华、闪耀……记载了吉林出入境检验检疫局的检验检疫光辉业绩，更照亮了吉林出入境检验检疫局未来发展的航程。
标本馆已成为展示吉林出入境检验检疫局工作业绩、实力与形象的重要窗口和平台，随着振兴东北老工业基地和长吉图开发开放先导区建设的推进，吉林省对外经贸的发展会进一步提速，吉林出入境检验检疫局广大干部职工将在局党组的领导下，按照“抓质量、保安全、促发展、强质检”的工作方针，进一步增强大局意识，与时俱进，开拓进取，为严守国门和促进吉林省地方经济健康发展谱写辉煌的篇章。
伴随着检验检疫事业的蓬勃发展，吉林出入境检验检疫局标本馆将会更加充实、丰富多彩，并发挥更大的作用。
吉林出入境检验检疫局
二〇一一年八月

Inspection & Quarantine
植物检验检疫
截获篇
白桦楔天牛
Saperda scalaris L.
光胸断眼天牛
Tetropium castaneum (Linnaeus)
刺萼龙葵
Solanum rostratum Dunal.
假高粱
Sorghum halepense (L.) Pers.
家木小蠹
Xyloterus domesticum L.
黄褐棍腿天牛
Phymatodes testaceus L.
黑角负泥虫
Oulema melanopus (L.)
栎天牛
Cerambyx scopolii Fusslins
豚草属
Ambrosia spp.
苹果蠹蛾
Cydia pomonella (L.)
芦笛长小蠹
Dinoplatypus calamus (Blandford)
栎材小蠹
Xyleborus monographus Fab.
吉林局疫情截獲排名已躍居全國前15名

Plant Inspection & Quarantine
植物检验检疫
把关篇
和衷共济 保境安民

Plant Inspection & Quarantine
植物检验检疫
创新篇
花生
大葱
冷冻树莓
南
白菜
甜豆
大成集团
DACHENG GROUP
开创玉米生物资源新时代
毛豆
玉米深加工
冷冻辣椒
玉米芯产品
西兰花
萝卜
調整產業結構 特色產品首次出口

Plant Inspection & Quarantine
植物检验检疫
服务篇
荷兰豆基地
花生基地
媒体关注
中华人民共和国
吉林出入境检验检疫局文件
关于吉林省人参出口情况的报告
吉林省人民政府公文处理专用单
中华人民共和国
吉林出入境检验检疫局文件
关于吉林省花生出口情况的报告
报省政府-人参报告
省长批示
报省政府-花生报告
灵芝基地
木耳基地
萝卜基地
人参基地
促進地方經濟發展是國門衛士執着的信念

附录 3　中华人民共和国进境植物检疫性有害生物名录

一、2007 年 5 月 29 日发布的《中华人民共和国进境植物检疫性有害生物名录》[435 种（属）]

中华人民共和国农业部公告 第 862 号

为防止危险性植物有害生物传入我国，根据《中华人民共和国进出境动植物检疫法》的规定，我部与国家质量监督检验检疫总局共同制定了《中华人民共和国进境植物检疫性有害生物名录》。1992 年 7 月 25 日我部发布的《中华人民共和国进境植物检疫危险性病、虫、杂草名录》同时废止。

本公告自发布之日起执行。

附件：中华人民共和国进境植物检疫性有害生物名录

二○○七年五月二十九日

附件：中华人民共和国进境植物检疫性有害生物名录

昆虫

1. *Acanthocinus carinulatus* (Gebler)
白带长角天牛
2. *Acanthoscelides obtectus* (Say)
菜豆象
3. *Acleris variana* (Fernald)
黑头长翅卷蛾
4. *Agrilus* spp. (non-Chinese)
窄吉丁（非中国种）
5. *Aleurodicus dispersus* Russell
螺旋粉虱
6. *Anastrepha* Schiner
按实蝇属
7. *Anthonomus grandis* Boheman
墨西哥棉铃象
8. *Anthonomus quadrigibbus* Say
苹果花象
9. *Aonidiella comperei* McKenzie
香蕉肾盾蚧
10. *Apate monachus* Fabricius
咖啡黑长蠹
11. *Aphanostigma piri* (Cholodkovsky)
梨矮蚜
12. *Arhopalus syriacus* Reitter
辐射松幽天牛

13. *Bactrocera* Macquart
果实蝇属
14. *Baris granulipennis* (Tournier)
西瓜船象
15. *Batocera* spp. (non-Chinese)
白条天牛（非中国种）
16. *Brontispa longissima* (Gestro)
椰心叶甲
17. *Bruchidius incarnates* (Boheman)
埃及豌豆象
18. *Bruchophagus roddi* Gussak
苜蓿籽蜂
19. *Bruchus* spp. (non-Chinese)
豆象（属）（非中国种）
20. *Cacoecimorpha pronubana* (Hübner)
荷兰石竹卷蛾
21. *Callosobruchus* spp. (*maculatus*（F.）and non-Chinese)
瘤背豆象（四纹豆象和非中国种）
22. *Carpomya incompleta* (Becker)
欧非枣实蝇
23. *Carpomya vesuviana* Costa
枣实蝇
24. *Carulaspis juniperi* (Bouchè)
松唐盾蚧
25. *Caulophilus oryzae* (Gyllenhal)
阔鼻谷象
26. *Ceratitis* Macleay
小条实蝇属
27. *Ceroplastes rusci* (L.)
无花果蜡蚧
28. *Chionaspis pinifoliae* (Fitch)
松针盾蚧
29. *Choristoneura fumiferana* (Clemens)
云杉色卷蛾
30. *Conotrachelus* Schoenherr
鳄梨象属
31. *Contarinia sorghicola* (Coquillett)
高粱瘿蚊
32. *Coptotermes* spp. (non-Chinese)
乳白蚁（非中国种）
33. *Craponius inaequalis* (Say)
葡萄象
34. *Crossotarsus* spp. (non-Chinese)
异胫长小蠹（非中国种）
35. *Cryptophlebia leucotreta* (Meyrick)
苹果异形小卷蛾
36. *Cryptorrhynchus lapathi* L.
杨干象
37. *Cryptotermes brevis* (Walker)
麻头砂白蚁
38. *Ctenopseustis obliquana* (Walker)
斜纹卷蛾
39. *Curculio elephas* (Gyllenhal)
欧洲栗象
40. *Cydia janthinana* (Duponchel)
山楂小卷蛾
41. *Cydia packardi* (Zeller)
樱小卷蛾
42. *Cydia pomonella* (L.)
苹果蠹蛾
43. *Cydia prunivora* (Walsh)
杏小卷蛾
44. *Cydia pyrivora* (Danilevskii)
梨小卷蛾
45. *Dacus* spp. (non-Chinese)
寡鬃实蝇（非中国种）
46. *Dasineura mali* (Kieffer)
苹果瘿蚊
47. *Dendroctonus* spp. (*valens* LeConte and non-Chinese)
大小蠹（红脂大小蠹和非中国种）
48. *Deudorix isocrates* Fabricius
石榴小灰蝶
49. *Diabrotica* Chevrolat
根萤叶甲属

50. *Diaphania nitidalis* (Stoll)
黄瓜绢野螟
51. *Diaprepes abbreviata* (L.)
蔗根象
52. *Diatraea saccharalis* (Fabricius)
小蔗螟
53. *Dryocoetes confusus* Swaine
混点毛小蠹
54. *Dysmicoccus grassi* Leonari
香蕉灰粉蚧
55. *Dysmicoccus neobrevipes* Beardsley
新菠萝灰粉蚧
56. *Ectomyelois ceratoniae* (Zeller)
石榴螟
57. *Epidiaspis leperii* (Signoret)
桃白圆盾蚧
58. *Eriosoma lanigerum*（Hausmann）
苹果绵蚜
59. *Eulecanium gigantea* (Shinji)
枣大球蚧
60. *Eurytoma amygdali* Enderlein
扁桃仁蜂
61. *Eurytoma schreineri* Schreiner
李仁蜂
62. *Gonipterus scutellatus* Gyllenhal
桉象
63. *Helicoverpa zea* (Boddie)
谷实夜蛾
64. *Hemerocampa leucostigma* (Smith)
合毒蛾
65. *Hemiberlesia pitysophila* Takagi
松突圆蚧
66. *Heterobostrychus aequalis* (Waterhouse)
双钩异翅长蠹
67. *Hoplocampa flava* (L.)
李叶蜂
68. *Hoplocampa testudinea* (Klug)
苹叶蜂
69. *Hoplocerambyx spinicornis* (Newman)
刺角沟额天牛
70. *Hylobius pales* (Herbst)
苍白树皮象
71. *Hylotrupes bajulus* (L.)
家天牛
72. *Hylurgopinus rufipes* (Eichhoff)
美洲榆小蠹
73. *Hylurgus ligniperda* Fabricius
长林小蠹
74. *Hyphantria cunea* (Drury)
美国白蛾
75. *Hypothenemus hampei* (Ferrari)
咖啡果小蠹
76. *Incisitermes minor* (Hagen)
小楹白蚁
77. *Ips* spp. (non-Chinese)
齿小蠹（非中国种）
78. *Ischnaspis longirostris* (Signoret)
黑丝盾蚧
79. *Lepidosaphes tapleyi* Williams
芒果蛎蚧
80. *Lepidosaphes tokionis* (Kuwana)
东京蛎蚧
81. *Lepidosaphes ulmi* (L.)
榆蛎蚧
82. *Leptinotarsa decemlineata* (Say)
马铃薯甲虫
83. *Leucoptera coffeella* (Guérin-Méneville)
咖啡潜叶蛾
84. *Liriomyza trifolii* (Burgess)
三叶斑潜蝇
85. *Lissorhoptrus oryzophilus* Kuschel
稻水象甲
86. *Listronotus bonariensis* (Kuschel)
阿根廷茎象甲
87. *Lobesia botrana* (Denis et Schiffermuller)
葡萄花翅小卷蛾

88. *Mayetiola destructor* (Say)
黑森瘿蚊
89. *Mercetaspis halli* (Green)
霍氏长盾蚧
90. *Monacrostichus citricola* Bezzi
桔实锤腹实蝇
91. *Monochamus* spp. (non-Chinese)
墨天牛（非中国种）
92. *Myiopardalis pardalina* (Bigot)
甜瓜迷实蝇
93. *Naupactus leucoloma* (Boheman)
白缘象甲
94. *Neoclytus acuminatus* (Fabricius)
黑腹尼虎天牛
95. *Opogona sacchari* (Bojer)
蔗扁蛾
96. *Pantomorus cervinus* (Boheman)
玫瑰短喙象
97. *Parlatoria crypta* Mckenzie
灰白片盾蚧
98. *Pharaxonotha kirschi* Reither
谷拟叩甲
99. *Phloeosinus cupressi* Hopkins
美柏肤小蠹
100. *Phoracantha semipunctata* (Fabricius)
桉天牛
101. *Pissodes* Germar
木蠹象属
102. *Planococcus lilacius* Cockerell
南洋臀纹粉蚧
103. *Planococcus minor* (Maskell)
大洋臀纹粉蚧
104. *Platypus* spp. (non-Chinese)
长小蠹（属）（非中国种）
105. *Popillia japonica* Newman
日本金龟子
106. *Prays citri* Milliere
桔花巢蛾
107. *Promecotheca cumingi* Baly
椰子缢胸叶甲
108. *Prostephanus truncatus* (Horn)
大谷蠹
109. *Ptinus tectus* Boieldieu
澳洲蛛甲
110. *Quadrastichus erythrinae* Kim
刺桐姬小蜂
111. *Reticulitermes lucifugus*（Rossi）
欧洲散白蚁
112. *Rhabdoscelus lineaticollis* (Heller)
褐纹甘蔗象
113. *Rhabdoscelus obscurus* (Boisduval)
几内亚甘蔗象
114. *Rhagoletis* spp. (non-Chinese)
绕实蝇（非中国种）
115. *Rhynchites aequatus* (L.)
苹虎象
116. *Rhynchites bacchus* L.
欧洲苹虎象
117. *Rhynchites cupreus* L.
李虎象
118. *Rhynchites heros* Roelofs
日本苹虎象
119. *Rhynchophorus ferrugineus* (Olivier)
红棕象甲
120. *Rhynchophorus palmarum* (L.)
棕榈象甲
121. *Rhynchophorus phoenicis* (Fabricius)
紫棕象甲
122. *Rhynchophorus vulneratus* (Panzer)
亚棕象甲
123. *Sahlbergella singularis* Haglund
可可盲蝽象
124. *Saperda* spp. (non-Chinese)
楔天牛（非中国种）
125. *Scolytus multistriatus* (Marsham)
欧洲榆小蠹

126. *Scolytus scolytus* (Fabricius)
欧洲大榆小蠹
127. *Scyphophorus acupunctatus* Gyllenhal
剑麻象甲
128. *Selenaspidus articulatus* Morgan
刺盾蚧
129. *Sinoxylon* spp. (non-Chinese)
双棘长蠹（非中国种）
130. *Sirex noctilio* Fabricius
云杉树蜂
131. *Solenopsis invicta* Buren
红火蚁
132. *Spodoptera littoralis*（Boisduval）
海灰翅夜蛾
133. *Stathmopoda skelloni* Butler
猕猴桃举肢蛾
134. *Sternochetus* Pierce
芒果象属
135. *Taeniothrips inconsequens* (Uzel)
梨蓟马
136. *Tetropium* spp. (non-Chinese)
断眼天牛（非中国种）
137. *Thaumetopoea pityocampa* (Denis et Schiffermuller)
松异带蛾
138. *Toxotrypana curvicauda* Gerstaecker
番木瓜长尾实蝇
139. *Tribolium destructor* Uyttenboogaart
褐拟谷盗
140. *Trogoderma* spp. (non-Chinese)
斑皮蠹（非中国种）
141. *Vesperus* Latreile
暗天牛属
142. *Vinsonia stellifera* (Westwood)
七角星蜡蚧
143. *Viteus vitifoliae* (Fitch)
葡萄根瘤蚜
144. *Xyleborus* spp. (non-Chinese)
材小蠹（非中国种）
145. *Xylotrechus rusticus* L.
青杨脊虎天牛
146. *Zabrotes subfasciatus* (Boheman)
巴西豆象

软体动物

147. *Achatina fulica* Bowdich
非洲大蜗牛
148. *Acusta despecta* Gray
硫球球壳蜗牛
149. *Cepaea hortensis* Müller
花园葱蜗牛
150. *Helix aspersa* Müller
散大蜗牛
151. *Helix pomatia* Linnaeus
盖罩大蜗牛
152. *Theba pisana* Müller
比萨茶蜗牛

真菌

153. *Albugo tragopogi* (Persoon) Schröter var. *helianthi* Novotelnova
向日葵白锈病菌
154. *Alternaria triticina* Prasada et Prabhu
小麦叶疫病菌
155. *Anisogramma anomala*（Peck）E. Muller
榛子东部枯萎病菌
156. *Apiosporina morbosa* (Schweinitz) von Arx
李黑节病菌
157. *Atropellis pinicola* Zaller et Goodding
松生枝干溃疡病菌
158. *Atropellis piniphila* (Weir) Lohman et Cash
嗜松枝干溃疡病菌
159. *Botryosphaeria laricina* (K.Sawada)Y. Zhong
落叶松枯梢病菌
160. *Botryosphaeria stevensii* Shoemaker

苹果壳色单隔孢溃疡病菌

161. *Cephalosporium gramineum* Nisikado et Ikata
麦类条斑病菌

162. *Cephalosporium maydis* Samra, Sabet et Hingorani
玉米晚枯病菌

163. *Cephalosporium sacchari* E.J. Butler et Hafiz Khan
甘蔗凋萎病菌

164. *Ceratocystis fagacearum* (Bretz) Hunt
栎枯萎病菌

165. *Chrysomyxa arctostaphyli* Dietel
云杉帚锈病菌

166. *Ciborinia camelliae* Kohn
山茶花腐病菌

167. *Cladosporium cucumerinum* Ellis et Arthur
黄瓜黑星病菌

168. *Colletotrichum kahawae* J.M. Waller et Bridge
咖啡浆果炭疽病菌

169. *Crinipellis perniciosa* (Stahel) Singer
可可丛枝病菌

170. *Cronartium coleosporioides* J.C.Arthur
油松疱锈病菌

171. *Cronartium comandrae* Peck
北美松疱锈病菌

172. *Cronartium conigenum* Hedgcock et Hunt
松球果锈病菌

173. *Cronartium fusiforme* Hedgcock et Hunt ex Cummins
松纺锤瘤锈病菌

174. *Cronartium ribicola* J.C.Fisch.
松疱锈病菌

175. *Cryphonectria cubensis* (Bruner) Hodges
桉树溃疡病菌

176. *Cylindrocladium parasiticum* Crous, Wingfield et Alfenas
花生黑腐病菌

177. *Diaporthe helianthi* Muntanola-Cvetkovic Mihaljcevic et Petrov
向日葵茎溃疡病菌

178. *Diaporthe perniciosa* É.J. Marchal
苹果果腐病菌

179. *Diaporthe phaseolorum* (Cooke et Ell.) Sacc. var. *caulivora* Athow et Caldwell
大豆北方茎溃疡病菌

180. *Diaporthe phaseolorum* (Cooke et Ell.) Sacc. var. *meridionalis* F.A. Fernandez
大豆南方茎溃疡病菌

181. *Diaporthe vaccinii* Shear
蓝莓果腐病菌

182. *Didymella ligulicola* (K.F.Baker, Dimock et L.H.Davis) von Arx
菊花花枯病菌

183. *Didymella lycopersici* Klebahn
番茄亚隔孢壳茎腐病菌

184. *Endocronartium harknessii* (J.P.Moore) Y. Hiratsuka
松瘤锈病菌

185. *Eutypa lata* (Pers.) Tul. et C. Tul.
葡萄藤猝倒病菌

186. *Fusarium circinatum* Nirenberg et O'Donnell
松树脂溃疡病菌

187. *Fusarium oxysporum* Schlecht. f.sp. *apii* Snyd. et Hans
芹菜枯萎病菌

188. *Fusarium oxysporum* Schlecht. f.sp. *asparagi* Cohen et Heald
芦笋枯萎病菌

189. *Fusarium oxysporum* Schlecht. f.sp. *cubense* (E.F.Sm.) Snyd.et Hans (Race 4 non-Chinese races)
香蕉枯萎病菌（4 号小种和非中国小种）

190. *Fusarium oxysporum* Schlecht. f.sp.

elaeidis Toovey
油棕枯萎病菌

191. *Fusarium oxysporum* Schlecht. f.sp. *fragariae* Winks et Williams
草莓枯萎病菌

192. *Fusarium tucumaniae* T.Aoki, O'Donnell, Yos.Homma et Lattanzi
南美大豆猝死综合症病菌

193. *Fusarium virguliforme O'Donnell et T.Aoki*
北美大豆猝死综合症病菌

194. *Gaeumannomyces graminis (Sacc.) Arx et D. Olivier var. avenae (E.M. Turner) Dennis*
燕麦全蚀病菌

195. *Greeneria uvicola (Berk. et M.A.Curtis) Punithalingam*
葡萄苦腐病菌

196. *Gremmeniella abietina (Lagerberg) Morelet*
冷杉枯梢病菌

197. *Gymnosporangium clavipes (Cooke et Peck) Cooke et Peck*
榅桲锈病菌

198. *Gymnosporangium fuscum* R. Hedw.
欧洲梨锈病菌

199. *Gymnosporangium globosum* (Farlow) Farlow
美洲山楂锈病菌

200. *Gymnosporangium juniperi-virginianae* Schwein
美洲苹果锈病菌

201. *Helminthosporium solani* Durieu et Mont.
马铃薯银屑病菌

202. *Hypoxylon mammatum* (Wahlenberg) J. Miller
杨树炭团溃疡病菌

203. *Inonotus weirii* (Murrill) Kotlaba et Pouzar
松干基褐腐病菌

204. *Leptosphaeria libanotis* (Fuckel) Sacc.
胡萝卜褐腐病菌

205. *Leptosphaeria maculans* (Desm.) Ces. et De Not.
十字花科蔬菜黑胫病菌

206. *Leucostoma cincta* (Fr.:Fr.) Hohn.
苹果溃疡病菌

207. *Melampsora farlowii* (J.C.Arthur) J.J.Davis
铁杉叶锈病菌

208. *Melampsora medusae* Thumen
杨树叶锈病菌

209. *Microcyclus ulei* (P.Henn.) von Arx
橡胶南美叶疫病菌

210. *Monilinia fructicola* (Winter) Honey
美澳型核果褐腐病菌

211. *Moniliophthora roreri* (Ciferri et Parodi) Evans
可可链疫孢荚腐病菌

212. *Monosporascus cannonballus* Pollack et Uecker
甜瓜黑点根腐病菌

213. *Mycena citricolor* (Berk. et Curt.) Sacc.
咖啡美洲叶斑病菌

214. *Mycocentrospora acerina* (Hartig) Deighton
香菜腐烂病菌

215. *Mycosphaerella dearnessii* M.E.Barr
松针褐斑病菌

216. *Mycosphaerella fijiensis* Morelet
香蕉黑条叶斑病菌

217. *Mycosphaerella gibsonii* H.C.Evans
松针褐枯病菌

218. *Mycosphaerella linicola* Naumov
亚麻褐斑病菌

219. *Mycosphaerella musicola* J.L.Mulder
香蕉黄条叶斑病菌

220. *Mycosphaerella pini* E.Rostrup
松针红斑病菌

221. *Nectria rigidiuscula* Berk.et Broome
可可花瘿病菌

222. *Ophiostoma novo-ulmi* Brasier
新榆枯萎病菌
223. *Ophiostoma ulmi* (Buisman) Nannf.
榆枯萎病菌
224. *Ophiostoma wageneri* (Goheen et Cobb) Harrington
针叶松黑根病菌
225. *Ovulinia azaleae* Weiss
杜鹃花枯萎病菌
226. *Periconia circinata*（M.Mangin）Sacc.
高粱根腐病菌
227. *Peronosclerospora* spp. (non-Chinese)
玉米霜霉病菌（非中国种）
228. *Peronospora farinosa* (Fries: Fries) Fries f.sp. *betae* Byford
甜菜霜霉病菌
229. *Peronospora hyoscyami* de Bary f.sp. *tabacina* (Adam) Skalicky
烟草霜霉病菌
230. *Pezicula malicorticis* (Jacks.) Nannfeld
苹果树炭疽病菌
231. *Phaeoramularia angolensis* (T.Carvalho et O. Mendes)P.M. Kirk
柑橘斑点病菌
232. *Phellinus noxius* (Corner) G.H.Cunn.
木层孔褐根腐病菌
233. *Phialophora gregata* (Allington et Chamberlain) W.Gams
大豆茎褐腐病菌
234. *Phialophora malorum* (Kidd et Beaum.) McColloch
苹果边腐病菌
235. *Phoma exigua Desmazières* f.sp. *foveata* (Foister) Boerema
马铃薯坏疽病菌
236. *Phoma glomerata* (Corda) Wollenweber et Hochapfel
葡萄茎枯病菌
237. *Phoma pinodella* (L.K. Jones) Morgan-Jones et K.B. Burch
豌豆脚腐病菌
238. *Phoma tracheiphila* (Petri) L.A. Kantsch. et Gikaschvili
柠檬干枯病菌
239. *Phomopsis sclerotioides* van Kesteren
黄瓜黑色根腐病菌
240. *Phymatotrichopsis omnivora* (Duggar) Hennebert
棉根腐病菌
241. *Phytophthora cambivora* (Petri) Buisman
栗疫霉黑水病菌
242. *Phytophthora erythroseptica* Pethybridge
马铃薯疫霉绯腐病菌
243. *Phytophthora fragariae* Hickman
草莓疫霉红心病菌
244. *Phytophthora fragariae* Hickman var. *rubi* W.F. Wilcox et J.M. Duncan
树莓疫霉根腐病菌
245. *Phytophthora hibernalis* Carne
柑橘冬生疫霉褐腐病菌
246. *Phytophthora lateralis* Tucker et Milbrath
雪松疫霉根腐病菌
247. *Phytophthora medicaginis* E.M. Hans. et D.P. Maxwell
苜蓿疫霉根腐病菌
248. *Phytophthora phaseoli* Thaxter
菜豆疫霉病菌
249. *Phytophthora ramorum* Werres, De Cock et Man in't Veld
栎树猝死病菌
250. *Phytophthora sojae* Kaufmann et Gerdemann
大豆疫霉病菌
251. *Phytophthora syringae* (Klebahn) Klebahn
丁香疫霉病菌
252. *Polyscytalum pustulans* (M.N. Owen et

Wakef.) M.B.Ellis
马铃薯皮斑病菌

253. *Protomyces macrosporus* Unger
香菜茎瘿病菌

254. *Pseudocercosporella herpotrichoides* (Fron) Deighton
小麦基腐病菌

255. *Pseudopezicula tracheiphila* (Müller-Thurgau) Korf et Zhuang
葡萄角斑叶焦病菌

256. *Puccinia pelargonii-zonalis* Doidge
天竺葵锈病菌

257. *Pycnostysanus azaleae* (Peck) Mason
杜鹃芽枯病菌

258. *Pyrenochaeta terrestris* (Hansen) Gorenz, Walker et Larson
洋葱粉色根腐病菌

259. *Pythium splendens* Braun
油棕猝倒病菌

260. *Ramularia beticola* Fautr. et Lambotte
甜菜叶斑病菌

261. *Rhizoctonia fragariae* Husain et W.E. McKeen
草莓花枯病菌

262. *Rigidoporus lignosus* (Klotzsch) Imaz.
橡胶白根病菌

263. *Sclerophthora rayssiae* Kenneth, Kaltin et Wahl var. *zeae* Payak et Renfro
玉米褐条霜霉病菌

264. *Septoria petroselini* (Lib.) Desm.
欧芹壳针孢叶斑病菌

265. *Sphaeropsis pyriputrescens* Xiao et J. D. Rogers
苹果球壳孢腐烂病菌

266. *Sphaeropsis tumefaciens* Hedges
柑橘枝瘤病菌

267. *Stagonospora avenae* Bissett f. sp. *triticea* T. Johnson
麦类壳多胞斑点病菌

268. *Stagonospora sacchari* Lo et Ling
甘蔗壳多胞叶枯病菌

269. *Synchytrium endobioticum* (Schilberszky) Percival
马铃薯癌肿病菌

270. *Thecaphora solani* (Thirumalachar et M.J.O'Brien) Mordue
马铃薯黑粉病菌

271. *Tilletia controversa* Kühn
小麦矮腥黑穗病菌

272. *Tilletia indica* Mitra
小麦印度腥黑穗病菌

273. *Urocystis cepulae* Frost
葱类黑粉病菌

274. *Uromyces transversalis* (Thümen) Winter
唐菖蒲横点锈病菌

275. *Venturia inaequalis* (Cooke) Winter
苹果黑星病菌

276. *Verticillium albo-atrum* Reinke et Berthold
苜蓿黄萎病菌

277. *Verticillium dahliae* Kleb.
棉花黄萎病菌

原核生物

278. *Acidovorax avenae* subsp. *cattleyae* (Pavarino) Willems et al.
兰花褐斑病菌

279. *Acidovorax avenae* subsp. *citrulli* (Schaad et al.) Willems et al.
瓜类果斑病菌

280. *Acidovorax konjaci* (Goto) Willems et al.
魔芋细菌性叶斑病菌

281. Alder yellows phytoplasma
桤树黄化植原体

282. Apple proliferation phytoplasma
苹果丛生植原体

283. Apricot chlorotic leafroll phtoplasma

杏褪绿卷叶植原体

284. Ash yellows phytoplasma
白蜡树黄化植原体

285. Blueberry stunt phytoplasma
蓝莓矮化植原体

286. *Burkholderia caryophylli* (Burkholder) Yabuuchi et al.
香石竹细菌性萎蔫病菌

287. *Burkholderia gladioli* pv. *alliicola* (Burkholder) Urakami et al.
洋葱腐烂病菌

288. *Burkholderia glumae* (Kurita et Tabei) Urakami et al.
水稻细菌性谷枯病菌

289. *Candidatus Liberobacter africanum* Jagoueix et al.
非洲柑桔黄龙病菌

290. *Candidatus Liberobacter asiaticum* Jagoueix et al.
亚洲柑桔黄龙病菌

291. *Candidatus* Phytoplasma australiense
澳大利亚植原体候选种

292. *Clavibacter michiganensis* subsp. *insidiosus* (McCulloch) Davis et al.
苜蓿细菌性萎蔫病菌

293. *Clavibacter michiganensis* subsp. *michiganensis* (Smith) Davis et al.
番茄溃疡病菌

294. *Clavibacter michiganensis* subsp. *nebraskensis* (Vidaver et al.) Davis et al.
玉米内州萎蔫病菌

295. *Clavibacter michiganensis* subsp. *sepedonicus* (Spieckermann et al.) Davis et al.
马铃薯环腐病菌

296. Coconut lethal yellowing phytoplasma
椰子致死黄化植原体

297. *Curtobacterium flaccumfaciens* pv. *flaccumfaciens* (Hedges) Collins et Jones
菜豆细菌性萎蔫病菌

298. *Curtobacterium flaccumfaciens* pv. *oortii* (Saaltink et al.) Collins et Jones
郁金香黄色疱斑病菌

299. Elm phloem necrosis phytoplasma
榆韧皮部坏死植原体

300. *Enterobacter cancerogenus* (Urosevi) Dickey et Zumoff
杨树枯萎病菌

301. *Erwinia amylovora* (Burrill) Winslow et al.
梨火疫病菌

302. *Erwinia chrysanthemi* Burkhodler et al.
菊基腐病菌

303. *Erwinia pyrifoliae* Kim, Gardan, Rhim et Geider
亚洲梨火疫病菌

304. Grapevine flavescence dorée phytoplasma
葡萄金黄化植原体

305. Lime witches' broom phytoplasma
来檬丛枝植原体

306. *Pantoea stewartii* subsp. *stewartii* (Smith) Mergaert et al.
玉米细菌性枯萎病菌

307. Peach X-disease phytoplasma
桃 X 病植原体

308. Pear decline phytoplasma
梨衰退植原体

309. Potato witches' broom phytoplasma
马铃薯丛枝植原体

310. *Pseudomonas savastanoi* pv. *phaseolicola* (Burkholder) Gardan et al.
菜豆晕疫病菌

311. *Pseudomonas syringae* pv. *morsprunorum* (Wormald) Young et al.
核果树溃疡病菌

312. *Pseudomonas syringae* pv. *persicae* (Prunier et al.) Young et al.

桃树溃疡病菌

313. *Pseudomonas syringae* pv. *pisi* (Sackett) Young et al.
豌豆细菌性疫病菌

314. *Pseudomonas syringae* pv. *maculicola* (McCulloch) Young et al
十字花科黑斑病菌

315. *Pseudomonas syringae* pv. *tomato* (Okabe) Young et al.
番茄细菌性叶斑病菌

316. *Ralstonia solanacearum* (Smith) Yabuuchi et al.（race 2）
香蕉细菌性枯萎病菌（2 号小种）

317. *Rathayibacter rathayi* (Smith) Zgurskaya et al.
鸭茅蜜穗病菌

318. *Spiroplasma citri* Saglio et al.
柑橘顽固病螺原体

319. Strawberry multiplier phytoplasma
草莓簇生植原体

320. *Xanthomonas albilineans* (Ashby) Dowson
甘蔗白色条纹病菌

321. *Xanthomonas arboricola* pv. *celebensis* (Gaumann) Vauterin et al.
香蕉坏死条纹病菌

322. *Xanthomonas axonopodis* pv. *betlicola* (Patel et al.) Vauterin et al.
胡椒叶斑病菌

323. *Xanthomonas axonopodis* pv. *citri* (Hasse) Vauterin et al.
柑橘溃疡病菌

324. *Xanthomonas axonopodis* pv. *manihotis* (Bondar) Vauterin et al.
木薯细菌性萎蔫病菌

325. *Xanthomonas axonopodis* pv. *vasculorum* (Cobb) Vauterin et al.
甘蔗流胶病菌

326. *Xanthomonas campestris* pv. *mangiferaeindicae* (Patel et al.) Robbs et al.
芒果黑斑病菌

327. *Xanthomonas campestris* pv. *musacearum* (Yirgou et Bradbury) Dye
香蕉细菌性萎蔫病菌

328. *Xanthomonas cassavae* (ex Wiehe et Dowson) Vauterin et al.
木薯细菌性叶斑病菌

329. *Xanthomonas fragariae* Kennedy et King
草莓角斑病菌

330. *Xanthomonas hyacinthi* (Wakker) Vauterin et al.
风信子黄腐病菌

331. *Xanthomonas oryzae* pv. *oryzae* (Ishiyama) Swings et al.
水稻白叶枯病菌

332. *Xanthomonas oryzae* pv. *oryzicola* (Fang et al.) Swings et al.
水稻细菌性条斑病菌

333. *Xanthomonas populi* (ex Ride) Ride et Ride
杨树细菌性溃疡病菌

334. *Xylella fastidiosa* Wells et al.
木质部难养细菌

335. *Xylophilus ampelinus* (Panagopoulos) Willems et al.
葡萄细菌性疫病菌

线虫

336. *Anguina agrostis* (Steinbuch) Filipjev
剪股颖粒线虫

337. *Aphelenchoides fragariae* (Ritzema Bos) Christie
草莓滑刃线虫

338. *Aphelenchoides ritzemabosi* (Schwartz) Steiner et Bührer
菊花滑刃线虫

339. *Bursaphelenchus cocophilus* (Cobb) Baujard
椰子红环腐线虫
340. *Bursaphelenchus xylophilus* (Steiner et Bührer) Nickle
松材线虫
341. *Ditylenchus angustus* (Butler) Filipjev
水稻茎线虫
342. *Ditylenchus destructor* Thorne
腐烂茎线虫
343. *Ditylenchus dipsaci* (Kühn) Filipjev
鳞球茎茎线虫
344. *Globodera pallida* (Stone) Behrens
马铃薯白线虫
345. *Globodera rostochiensis* (Wollenweber) Behrens
马铃薯金线虫
346. *Heterodera schachtii* Schmidt
甜菜胞囊线虫
347. *Longidorus* (Filipjev) Micoletzky（The species transmit viruses）
长针线虫属（传毒种类）
348. *Meloidogyne* Goeldi (non-Chinese species)
根结线虫属（非中国种）
349. *Nacobbus abberans* (Thorne) Thorne et Allen
异常珍珠线虫
350. *Paralongidorus maximus* (Bütschli) Siddiqi
最大拟长针线虫
351. *Paratrichodorus* Siddiqi（The species transmit viruses）
拟毛刺线虫属（传毒种类）
352. *Pratylenchus* Filipjev (non-Chinese species)
短体线虫 (非中国种)
353. *Radopholus similis* (Cobb) Thorne
香蕉穿孔线虫
354. *Trichodorus* Cobb（The species transmit viruses）
毛刺线虫属（传毒种类）
355. *Xiphinema* Cobb（The species transmit viruses）
剑线虫属（传毒种类）

病毒及类病毒

356. *African cassava mosaic virus*, ACMV
非洲木薯花叶病毒（类）
357. *Apple stem grooving virus*, ASPV
苹果茎沟病毒
358. *Arabis mosaic virus*, ArMV
南芥菜花叶病毒
359. *Banana bract mosaic virus*, BBrMV
香蕉苞片花叶病毒
360. *Bean pod mottle virus*, BPMV
菜豆荚斑驳病毒
361. *Broad bean stain virus*, BBSV
蚕豆染色病毒
362. *Cacao swollen shoot virus*, CSSV
可可肿枝病毒
363. *Carnation ringspot virus*, CRSV
香石竹环斑病毒
364. *Cotton leaf crumple virus*, CLCrV
棉花皱叶病毒
365. *Cotton leaf curl virus*, CLCuV
棉花曲叶病毒
366. *Cowpea severe mosaic virus*, CPSMV
豇豆重花叶病毒
367. *Cucumber green mottle mosaic virus*, CG-MMV
黄瓜绿斑驳花叶病毒
368. *Maize chlorotic dwarf virus*, MCDV
玉米褪绿矮缩病毒
369. *Maize chlorotic mottle virus*, MCMV
玉米褪绿斑驳病毒
370. *Oat mosaic virus*, OMV

燕麦花叶病毒

371. *Peach rosette mosaic virus*, PRMV
桃丛簇花叶病毒

372. *Peanut stunt virus*, PSV
花生矮化病毒

373. *Plum pox virus*, PPV
李痘病毒

374. *Potato mop-top virus*, PMTV
马铃薯帚顶病毒

375. *Potato virus A*, PVA
马铃薯 A 病毒

376. *Potato virus V*, PVV
马铃薯 V 病毒

377. *Potato yellow dwarf virus*, PYDV
马铃薯黄矮病毒

378. *Prunus necrotic ringspot virus*, PNRSV
李属坏死环斑病毒

379. *Southern bean mosaic virus*, SBMV
南方菜豆花叶病毒

380. *Sowbane mosaic virus*, SoMV
藜草花叶病毒

381. *Strawberry latent ringspot virus*, SLRSV
草莓潜隐环斑病毒

382. *Sugarcane streak virus*, SSV
甘蔗线条病毒

383. *Tobacco ringspot virus*, TRSV
烟草环斑病毒

384. *Tomato black ring virus*, TBRV
番茄黑环病毒

385. *Tomato ringspot virus*, ToRSV
番茄环斑病毒

386. *Tomato spotted wilt virus*, TSWV
番茄斑萎病毒

387. *Wheat streak mosaic virus*, WSMV
小麦线条花叶病毒

388. *Apple fruit crinkle viroid*, AFCVd
苹果皱果类病毒

389. *Avocado sunblotch viroid*, ASBVd
鳄梨日斑类病毒

390. *Coconut cadang-cadang viroid*, CCCVd
椰子死亡类病毒

391. *Coconut tinangaja viroid*, CTiVd
椰子败生类病毒

392. *Hop latent viroid*, HLVd
啤酒花潜隐类病毒

393. *Pear blister canker viroid*, PBCVd
梨疱症溃疡类病毒

394. *Potato spindle tuber viroid*, PSTVd
马铃薯纺锤块茎类病毒

杂草

395. *Aegilops cylindrica* Horst
具节山羊草

396. *Aegilops squarrosa* L.
节节麦

397. *Ambrosia* spp.
豚草（属）

398. *Ammi majus* L.
大阿米芹

399. *Avena barbata* Brot.
细茎野燕麦

400. *Avena ludoviciana* Durien
法国野燕麦

401. *Avena sterilis* L.
不实野燕麦

402. *Bromus rigidus* Roth
硬雀麦

403. *Bunias orientalis* L.
疣果匙荠

404. *Caucalis latifolia* L.
宽叶高加利

405. *Cenchrus* spp. (non-Chinese species)
蒺藜草（属）（非中国种）

406. *Centaurea diffusa* Lamarck
铺散矢车菊

407. *Centaurea repens* L.

匍匐矢车菊

408. *Crotalaria spectabilis* Roth
美丽猪屎豆

409. *Cuscuta* spp.
菟丝子（属）

410. *Emex australis* Steinh.
南方三棘果

411. *Emex spinosa* (L.) Campd.
刺亦模

412. *Eupatorium adenophorum* Spreng.
紫茎泽兰

413. *Eupatorium odoratum* L.
飞机草

414. *Euphorbia dentata* Michx.
齿裂大戟

415. *Flaveria bidentis* (L.) Kuntze
黄顶菊

416. *Ipomoea pandurata* (L.) G.F.W.Mey.
提琴叶牵牛花

417. *Iva axillaris* Pursh
小花假苍耳

418. *Iva xanthifolia* Nutt.
假苍耳

419. *Knautia arvensis* (L.) Coulter
欧洲山萝卜

420. *Lactuca pulchella* (Pursh) DC.
野莴苣

421. *Lactuca serriola* L.
毒莴苣

422. *Lolium temulentum* L.
毒麦

423. *Mikania micrantha* Kunth
薇甘菊

424. *Orobanche* spp.
列当（属）

425. *Oxalis latifolia* Kubth
宽叶酢浆草

426. *Senecio jacobaea* L.
臭千里光

427. *Solanum carolinense* L.
北美刺龙葵

428. *Solanum elaeagnifolium* Cay.
银毛龙葵

429. *Solanum rostratum* Dunal.
刺萼龙葵

430. *Solanum torvum* Swartz
刺茄

431. *Sorghum almum* Parodi.
黑高粱

432. *Sorghum halepense* (L.) Pers. (Johnsongrass and its cross breeds)
假高粱（及其杂交种）

433. *Striga* spp. (non-Chinese species)
独脚金（属）（非中国种）

434. *Tribulus alatus* Delile
翅蒺藜

435. *Xanthium* spp. (non-Chinese species)
苍耳（属）（非中国种）

备注 1：非中国种是指中国未有发生的种；
备注 2：非中国小种是指中国未有发生的小种；
备注 3：传毒种类是指可以作为植物病毒传播介体的线虫种类。

摘自农业部网站：http://www.moa.gov.cn/zwllm/tzgg/gg/200706/t20070604_827310.htm。

二、新增加 6 种（属）检疫性有害生物公告

中华人民共和国农业部公告 第 1147 号

近期，在广东省广州市局部地区的扶桑上发现扶桑绵粉蚧（*Phenacoccus solenopsis*

Tinsley）。此前，没有该虫在我国发现的记载。据报道，该虫在北美、南美、亚洲、非洲的一些国家或地区有发生，主要危害棉花、扶桑、向日葵、南瓜、番茄、人参果、曼陀罗、茄子、羽扇豆等植物。

广州市农业主管部门已对发现的扶桑绵粉蚧采取了封锁扑灭措施。为保护我国农业生产安全，根据《中华人民共和国进出境动植物检疫法》的规定和扶桑绵粉蚧的风险分析结果，现决定将扶桑绵粉蚧列入《中华人民共和国进境植物检疫性有害生物名录》，请出入境检验检疫机构依法加强对来自该虫发生国家或地区寄主植物的检验检疫。

本公告自发布之日起执行。

二〇〇九年二月三日

摘自农业部网站：http://www.moa.gov.cn/zwllm/tzgg/gg/200902/t20090205_1212924.htm。

农业部 国家质量监督检验检疫总局公告 第 1472 号

近期，在我国新疆伊犁州特克斯、新源、尼勒克和巩留县，宁夏惠农区、永宁县以及内蒙古赤峰市局部田块发现向日葵黑茎病（*Leptosphaeria lindquistii* Frezzi，无性态：*Phoma macdonaldii* Boerma）危害。此前，没有该病在我国发生危害记载。据报道，该病害可造成向日葵减产 20%~80% 、含油率大幅降低。

向日葵是我国重要的油料作物之一，为保护我国农业生产安全，根据《中华人民共和国进出境动植物检疫法》的规定和风险分析结果，决定将向日葵黑茎病列入《中华人民共和国进境植物检疫性有害生物名录》。各地出入境检验检疫机构依法加强对来自该病害发生国家或地区向日葵种子的检验检疫，各省（区、市）农业行政主管部门严格国外引种检疫审批，要求引种单位或个人必须提供出口国官方检疫机构出具的其种子产地没有向日葵黑茎病及其他检疫性有害生物发生的证明，防止向日葵黑茎病传入和扩散。

本公告自发布之日起执行。

特此公告。

二〇一〇年十月二十日

摘自农业部网站：http://www.moa.gov.cn/zwllm/tzgg/gg/201011/t20101126_1779838.htm。

农业部　国家质量监督检验检疫总局公告 第 1600 号

木薯绵粉蚧（*Phenacoccus manihoti* Matile-Ferrero）和异株苋亚属（Subgen *Acnida* L.）杂草是危害多种农作物的有害生物。据非洲和美洲的研究报道，木薯绵粉蚧可危害木薯、大豆、柑橘等农作物，对木薯产量的影响达 80%；异株苋亚属杂草可造成玉米、棉花、大豆等主要作物减产 11%~74%。风险分析结果表明，上述有害生物随农产品贸易传入我国的风险高，防控难度大，对农业生产和生态环境构成严重威胁。

根据《中华人民共和国进出境动植物检疫法》的规定，决定将木薯绵粉蚧和异株苋亚属杂草列入《中华人民共和国进境植物检疫性有害生物名录》。各地出入境检验检疫机构要依法加强对来自木薯绵粉蚧和异株苋亚属杂草发生国家或地区植物及植物产品的检验检疫，各省（区、市）农业行政主管部门要严格国外引种检疫审批，加强疫情监测，防止上述有害生物传入我国。

本公告自发布之日起执行。

特此公告。

二〇一一年六月二十日

摘自农业部网站：www.moa.gov.cn/zwllm/tzgg/gg/201107/t20110714_2053049.htm。

农业部 国家质量监督检验检疫总局第1831号公告

近年来，中国出入境检验检疫机构多次在澳大利亚进境的大麦和罗马尼亚、新西兰等进境的集装箱中截获地中海白蜗牛（*Cernuella virgata* Da Costa）。风险分析表明，地中海白蜗牛主要危害麦类、玉米、豆类、柑橘类等农作物和多种牧草，寄主广泛，生殖力和抗逆性强，易随粮食、水果、蔬菜、花卉、盆景等农产品以及木质包装材料、运输工具等远距离传播，对我国农业生产和生态环境安全构成威胁。

根据《中华人民共和国进出境动植物检疫法》的规定，决定将地中海白蜗牛列入《中华人民共和国进境植物检疫性有害生物名录》。各地出入境检验检疫机构要依法加强对来自地中海白蜗牛发生国家或地区限定物的检验检疫，各省（区、市）农业行政主管部门要严格国外引种检疫审批，加强疫情监测，防止疫情传入我国。

本公告自发布之日起执行。

特此公告。

农业部 国家质量监督检验检疫总局

二〇一二年九月十七日

摘自农业部网站：http://www.moa.gov.cn/zwllm/tzgg/gg/201209/t20120924_2948600.htm。

农业部 国家质量监督检验检疫总局 国家林业局公告 第1902号

白蜡树枯梢病（Ash Dieback）是由白蜡鞘孢菌（*Chalara fraxinea* T. Kowalski）引起的毁灭性真菌病害。风险分析结果表明，白蜡鞘孢菌适生性强，其寄主白蜡属植物在我国广泛分布，该病菌一旦传入，定殖和扩散的风险很高，将对我国白蜡树生产和生态环境安全构成严重威胁。根据《中华人民共和国进出境动植物检疫法》及其实施条例有关规定，决定将白蜡鞘孢菌列入《中华人民共和国进境植物检疫性有害生物名录》，并采取以下紧急措施：

一、暂停从白蜡鞘孢菌疫情发生国家和地区（见附件）引进白蜡属植物种子、苗木等繁殖材料。

二、各地出入境检验检疫机构要依法加强对来自白蜡鞘孢菌疫情发生国家和地区的原木、锯材等的检验检疫，如发现白蜡树枯梢病菌，应对相关货物采取退运、销毁等检疫措施。

三、各级农业、出入境检验检疫、林业行政主管部门要依照职责分工严格国外引种检疫审批，加强疫情监测，严防疫情传入和扩散。

本公告自发布之日起执行。

农业部 国家质量监督检验检疫总局 国家林业局

二〇一三年三月六日

附件：暂停引进白蜡属植物种子、苗木等繁殖材料国家和地区

爱尔兰、爱沙尼亚、奥地利、比利时、波兰、丹麦、德国、俄罗斯（加里宁格勒）、法国、芬兰、荷兰、捷克共和国、克罗地亚、拉脱维亚、立陶宛、罗马尼亚、挪威、瑞典、瑞士、斯洛伐克、斯洛文尼亚、匈牙利、意大利、英国、英国皇家属地根西岛等白蜡树枯梢病分布国家和地区。

摘自农业部网站：http://www.moa.gov.cn/zwllm/tzgg/gg/201303/t20130321_3372410.htm。

附录 4　谷斑皮蠹和花斑皮蠹成虫触角感器超微结构

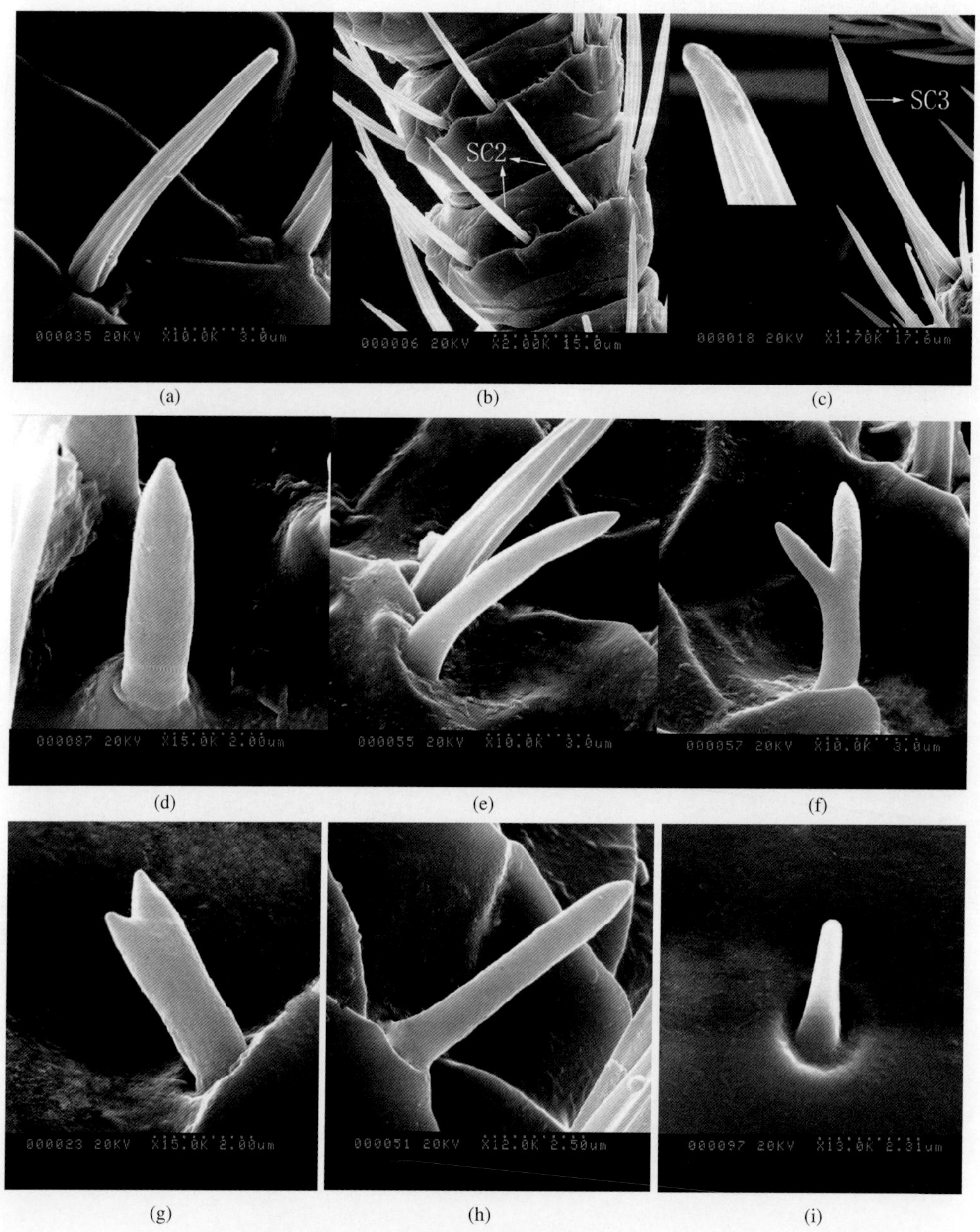

(a)　(b)　(c)

(d)　(e)　(f)

(g)　(h)　(i)

附图 4-1　谷斑皮蠹成虫触角感器超微结构

(a) 刺形感器Ⅰ（SC1）Bar=3μm; (b) 刺形感器Ⅱ（SC2）Bar=15μm; (c) 刺形感器Ⅲ（SC3）Bar=17.16μm; (d) 锥形感器Ⅰ（SB1）Bar=2μm; (e) 锥形感器Ⅱ（SB2）Bar=3μm; (f) 锥形感器Ⅲ（SB3）Bar=3μm; (g) 锥形感器Ⅳ（SB4）Bar=2μm ; (h) 锥形感器Ⅴ（SB5）Bar=2.5μm ; (i) Böhm 氏鬃毛（BB）Bar=2.31μm

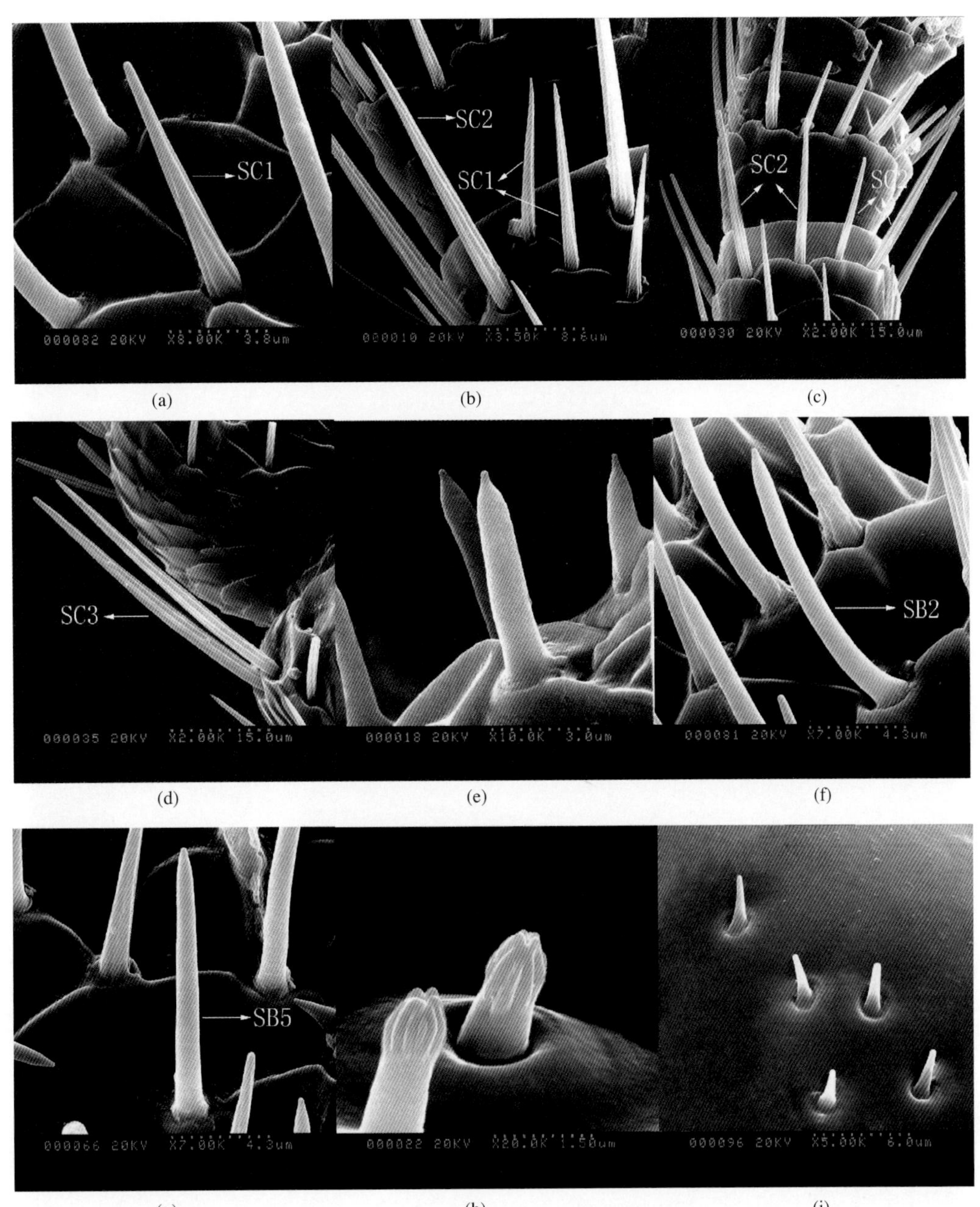

(a)　(b)　(c)　(d)　(e)　(f)　(g)　(h)　(i)

附图 4-2　花斑皮蠹成虫触角感器超微结构

(a) 刺形感器Ⅰ（SC1） Bar=3μm; (b) 刺形感器Ⅰ和刺形感器Ⅱ（SC1 和 SC2）; (c) 刺形感器Ⅱ（SC2）Bar=15μm; (d) 刺形感器Ⅲ（SC3）Bar=15μm; (e) 锥形感器Ⅰ（SB1）Bar=2μm; (f) 锥形感器Ⅱ（SB2）Bar=4.3μm; (g) 锥形感器Ⅴ（SB5） Bar=4.3μm; (h) 锥形感器Ⅵ; (i) Böhm 氏鬃毛（BB）Bar=6.0μm